ナゴヤ2030

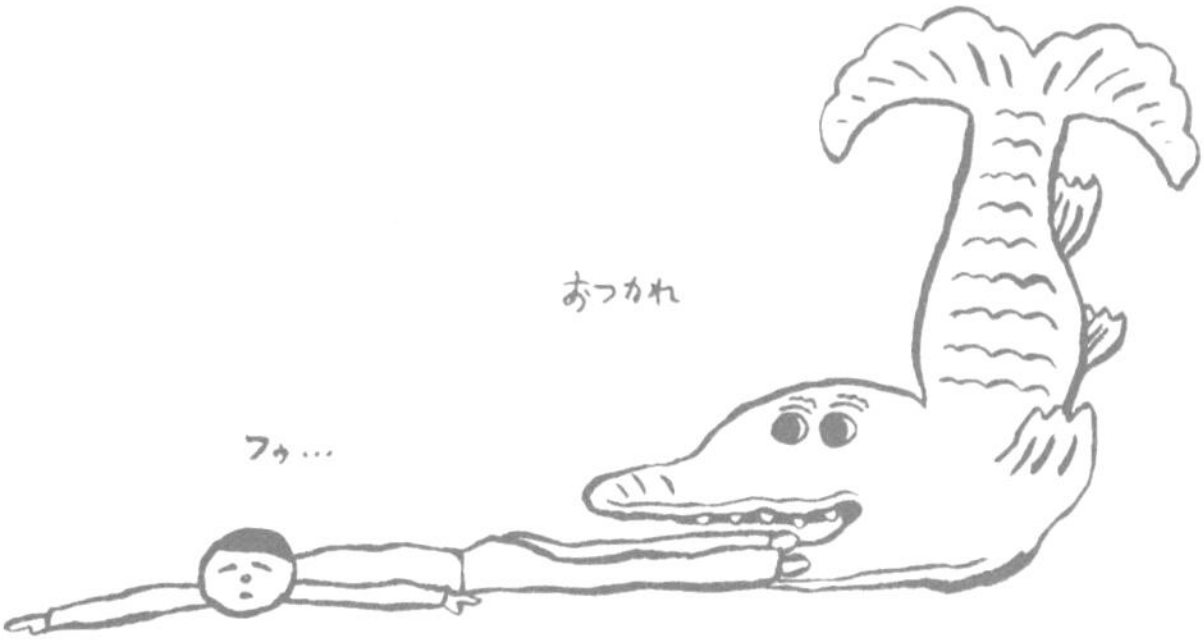

ナゴヤ
ドリームプラン
検討会
═══編

桜山社
SAKURAYAMA SHA

名古屋 三の丸地区再整備構想

2030年の名古屋の官庁街はこうなる(!?)

庁舎大改造ドリームプラン

緑にあふれた地上部分の公園。市民はもちろん名古屋を訪れた人が誰しも足を運びたくなる。この下の地中空間に庁舎がある

地下の市庁舎。巨大な吹き抜けでガラス張りの天井から陽光が降り注ぐ。地下でありながら開放的な空間

場所は現在の名古屋市役所西庁舎跡。大津通沿いにある名古屋市庁舎は尾張徳川博物館に、愛知県庁舎はホテルに転用する

公園には図書館や美術館も配置する。ランニング、ライブ、各種イベントなど日常的なアクティビティから非日常のイベントスペースとしても幅広く利用してもらう

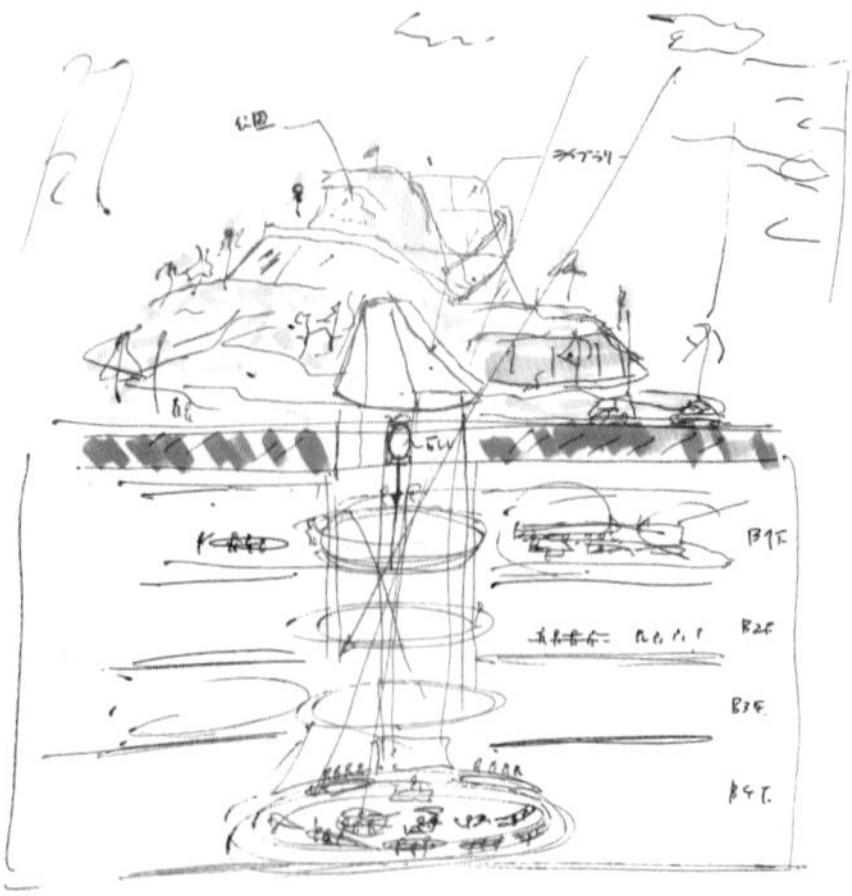

DRAFT 山下泰樹さんによる「新・名古屋市庁舎」のラフスケッチ。「市民の楽しさや憩いの中心に市役所がある」という発想から描かれている

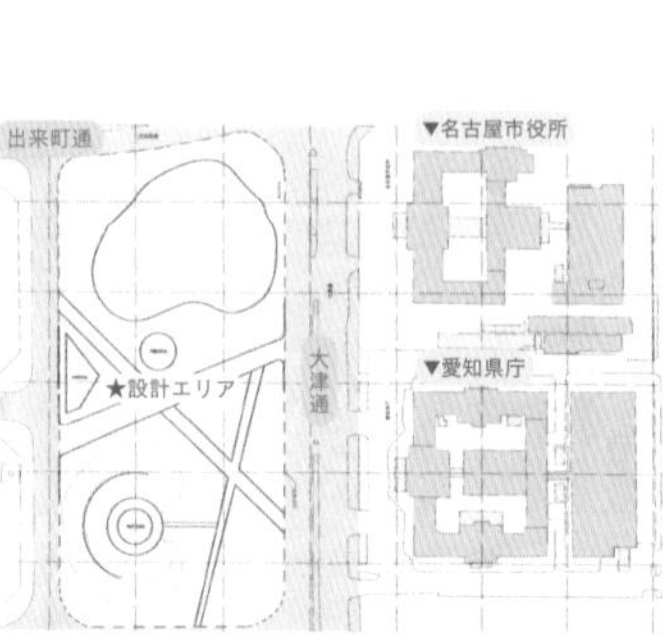

◎パースはすべてDRAFT 提供

ナゴヤ2030

目次

はじめに

世界はヒト、モノ、カネ、情報を含めて地域間競争の時代に入っています。日本の背骨は「スーパー・メガリージョン構想」で検討中です。その中核となる中京地区・愛知・名古屋はどんな青写真を描くことができるだろう？　モノづくり拠点としてトヨタを筆頭に現在は活況を呈しているものの、モノづくりは海外拠点へシフト、労働力不足の確保、中国、そしてアジアの新興国の台頭など、日本にとっては不確定要素が多いのも事実。少子高齢化が急速に訪れ、時代の流れが早く進む時代となった今日、デトロイトやバーミンガムなどにも学び、モノづくりにブレーキがかかり立ち止まる前に明るい見通しをつけておく必要があります。

本書はお祭しの通り、「東京２０２０」＝東京オリンピックに対抗してその10年後となる２０３０年の名古屋の展望を語ることを趣旨に企画したものです。ところが、２０２０年に入り、瞬く間に世界中で新型コロナウイルス感染症が広がり、私たちは未曾有のダメージを受けました。先行きの見えない不安の声があちこちから聞こえてきます。しかし、声高に不安を叫んでも何も変わらず、正直何から手をつけて良いのか分からないことばかり。それが本音ではないでしょうか。

肝心の東京オリンピック開催が不透明になった今、なおさら名古屋は未来に向けて、道筋を示す必要があり、リニアはやや開通の予定が遅れるものの、遠くない将来の開通によって名古屋は大きなアドバンテージを得、それを起爆剤に飛躍しなければなりません。コロナ禍で世界中が不安に包まれている今だからこそ、可能な限り明るい未来を思い描くことが重要になってきます。

しかし、日々刻々と状況が変化して予測もつかない現在、あなたの大切な家族はどうする？　大切な会社や学校の団体の仲間や友人はどうする？　大切な我が国や我が街はどうする？　絶対にギブアップはできません！　我慢します！　生き抜きます！　未来につなげます！

本書は、10年後の2030年とその後名古屋がこうなって欲しい！　こうする！　何がなんでもやってやる！　こんな人たちの「思い」を本にしました。

今、何らかの理由で名古屋から遠ざかっていた方も、名古屋でこれからも生き続けるつもりの方も、お一人お一人のこれからの歩みの中で、この本を参考にしていただけたらうれしいです。

名古屋に一緒に暮らして良かった！　そんな名古屋にしませんか！

街

地下でありながら開放的で機能的 夢の新・名古屋市役所プラン！

山下泰樹さん
（DRAFT Inc. デザイナー／代表取締役）

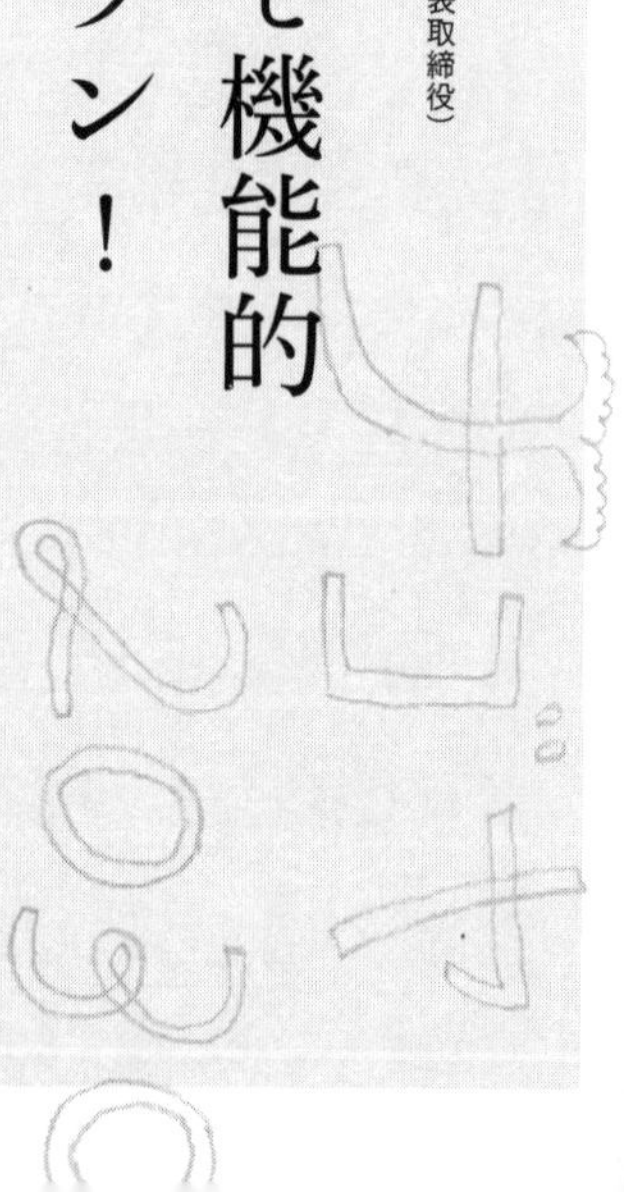

「デザインの力で世の中をもっと面白くしたい」。そんな思いから、それまで無機質で味気ないものだった企業のオフィスを、そこで働く人たちの幸福を優先し、豊かな発想を引き出し、多様な生き方をバックアップする空間へと変えていった山下泰樹さん。そして、近年は建築などより大きなステージへと、活躍の舞台を広げている。その山下さんに私たちナゴヤドリームプラン研究会が出した宿題が「名古屋市役所新庁舎」のドリームプラン。名古屋の新しいシンボリック空間への期待を託し、返ってきた回答は、こちらの想像をはるかに上回る斬新で、だが理にかなない、未来の名古屋にふさわしい夢の「新・名古屋市役所だった」——！

開放的な巨大地下建築＋市民が集う緑の公園

私たちが考えた新・名古屋市役所は世界初、地下空間の庁舎です。

庁舎の機能をすべて地下へ配し、地上は公園にして市民が自由に集って遊ぶことができる。図書館や美術館などの文化的施設を配置するのもいい。さらに天井がガラス張りの吹き抜けの空間を設けて、上から議会や役所の仕事の様子を眺めることができる。透明性のある議会、縁の下の力持ちとして市民を下から支える行政、そして市役

場所は現在の名古屋市役所西庁舎跡。向かい側の名古屋市庁舎は尾張徳川博物館に、愛知県庁舎はホテルに転用する

所に親しみを持って足を運ぶ市民。そんなそれぞれの立場や役割を形として現して見せたのがこのプランです。愛知県庁も同じ地下空間に併設することも十分可能と思われます。

これまで建築は、宗教や政治などの分野では権威の象徴としてつくられてきました。日本でも国会議事堂や東京都庁はその流れをくんでいるし、全国の庁舎を見ても威圧的なものはあっても面白みがある建築はほとんど見られません。さらに建物の周囲に公園などを設けて庁舎を開放的にしている事例もほとんどありません。しかし、政治の場が権威を主張するのはもう今の時代には合わない。それよりも市民に寄り添い下から支えるんだと庁舎から意思表示する方が、これからの時代の行政の姿勢にふさわしいと考えます。

また、地中の建物というのは夏は涼しく冬は暖かい。エコの面でもメリットがあります。また、庁舎は災害などの非常時に避難場所などとして活用する役割も求められるので、地下空間は外界と遮断したシェルター的空間に切り替えやすいという利点も考えられます。

もちろん、こんな巨大な地下建築は前例がないので、技術面ではクリアしなければならない課題はたくさんあるでしょう。しかし、もともと名古屋は戦後地下街を発展させて街の復興も果たしてきた。当時としては難しい技術もたくさんあったはずで、今また最新の技術によって世界に例のない地下建築をつくり上げるのは、いかにも名古屋らし

地下の市庁舎。巨大な吹き
抜けでガラス張りの天井か
ら陽光が降り注ぐ。地下で
ありながら開放的な空間

いといえるのではないでしょうか。

合理性を追求した結果高まるアピール力

海外では、遊び心があり市民に開かれた庁舎はいくつも事例があります。ノルウェーの首都のオスロ市庁舎はアートスタジオやギャラリーを併設し、結婚式にも使われています。フランスのパリ庁舎は18世紀に再建されたルネサンス様式の歴史的建造物で、レセプションやファッションショーにも活用されている。２００２年に開庁したロンドン市庁舎*はガラス張り・球形のユニークな建築で、1〜10階まで５００ｍのらせん状の通路でつながり一部市民にも開放されています。

このように個性的な建築をつくると、そこで撮れる〝絵〟が必然的に印象の強いものになるので、「ここで何かやりたい！」というアイデアがたくさん寄せられるようになる。結果的に開かれた場所になるんです。その意味でも地下でありながら開放的なこの新・名古屋市役所は、「生まれ変わった新しい名古屋」を世界に向けてアピールするのに格好の建築となるでしょう。

とはいえ斬新な発想は決してイメージアップが第一義の目的ではありません。あくまで合理性を追求した上での機能美が凝縮された建築であり、その結果イメージも高まる。

そういう点でもやはり合理主義を重んじる名古屋らしさが反映されている。この「新・名古屋市役所」は名古屋の未来にふさわしい、まさにナゴヤドリームプランです！

＊庁舎の所有権はGLAには帰属せず、具体的な公共サービスを提供はしていない

山下泰樹さん

（DRAFT Inc. デザイナー／代表取締役）

1981年生まれ、東京都出身。武蔵野美術大学工芸工業デザイン学科中途退学。ボンド大学大学院修了。2008年、DRAFT設立。日本におけるオフィスデザインの先駆けとして活動を始める。インテリアデザインに始まり、オフィスや店舗、商業施設の空間デザインに携わり、近年はホテルや複合施設の環境デザイン、建築設計、プロダクトブランド「201°」のデザインなど、活躍の場は多岐にわたる。A' Design Award（イタリア）、INSIDE Award（ドイツ）、IDA Design Award（アメリカ）など海外のデザイン賞も数々受賞。現在は東京と大阪に拠点を構える。趣味は旅行で訪れた海外の都市は50カ所以上。

名古屋城公園で尾張徳川の文化を体感 SDGs時代の世界モデルに！

尾関利勝さん（まちの歴史魅力探検隊・都市計画家）
金居哲也さん（大和リース名古屋支社 環境緑化営業所所長）

名古屋のシンボル、名古屋城。さかのぼること４００余年前、名古屋という街そのものがこの城の築城からつくり上げられたのだから、原点であり象徴であるその存在感は揺るぎない。徳川統治の一角であった名古屋城と、世界一豊富な徳川時代の資料を保有する名古屋こそが、この人類の資産を有効に編集し、発信し得る拠点だと位置づけ、そのポテンシャルを最大限引き出すために名古屋城を民間で運営して活用する。そんな目標を掲げるのが名古屋城パークマネジメント研究会だ。そのメンバーであるおふたりに、名古屋城を核とする名古屋の価値、そしてその具体的な活用法とその効果を熱く語ってもらった。

民間の運営によって名古屋城の歴史的価値を収益につなげる

名古屋城は徳川幕府直轄の城（他に江戸城、大阪城）の中で唯一、実測図などの豊富な資料が残り、城郭全体の史実に忠実な復元が可能です。それに加えて名古屋には、保有数でおそらく世界一の徳川時代の美術品や資料がある。この地区が有する〝徳川資産〟を日本のみならず世界にとっての資産として、そのすべてに光が当たるよう編集し、発信していくことを私たち名古屋城パークマネジメント研究会は目標としています。

名古屋城全体をPark-PFI制度（※48ページ 久屋大通公園再開発事業の項を参照）**によって民間が委託運営管理を行っていくのが、我々名古屋城パークマネジメン**

ト研究会が目指す基本目標です。現在の名古屋城は名古屋市が管理運営し、入場料は大人500円、市内のシニア100円、中学生以下無料と、公共施設という性格上安価な設定となっています。ですが、これを価値に見合った価格体系に見直してもいい。儲けるためというよりも、維持にかかる費用を収益によってまかなう方がこれからのSDGsの時代には適している。名古屋城を民間のノウハウで活用して収益事業を行い、それを原資として文化的価値のある復元にも活用していくのです。

城郭全体の再生と合わせて、先に復元された本丸御殿、木造再建が計画されている天守、そして二之丸庭園と二之丸御殿、徳川美術館や新設が検討されている尾張徳川博物館。これらの施設と連携を図り、尾張徳川文化を再生し、公開します。

二之丸御殿・庭園の復元でお殿様の暮らしを体感

木造復元する天守はもちろんですが、もうひとつの目玉が二之丸です。天守がある本丸の東側、城内で最も広大な敷地を誇るエリアです。ここはもともと二之丸御殿と二之丸庭園があり、代々の尾張藩主が実際に生活していた場所。本丸御殿は将軍や天皇をおもてなしするための迎賓館で、江戸時代の間実際に使われたのは数えるほどでした。尾張藩政の中枢として殿様が執政を振るったのは二之丸なんです。天守や本丸御殿のよう

御殿茶会、野点

御殿の宿

に正確な実測図はないが資料は多く、学術研究も進んでいる。現在敷地内にある愛知県体育館が名城公園に移転し、スペースにも十分にゆとりができる。歴史考証にのっとって、往時の姿をよみがえらせる再生は十分に可能です。

二之丸では〝お殿様の暮らし〟を体験してもらいます。例えば、**当時の御膳料理を再現した食事体験、さらにはその空間で1日過ごす宿泊体験……**。能舞台がふたつもあったので、能や謡曲、狂言の公演を開催するのもいい。庭園では茶会や節句の催しもいいでしょう。

また江戸時代の木造建築を再建することで、当時の技術の継承にもつながる。それを学びたいという技術者は世界中にいるでしょう。それを伝える学びの場もニーズがあるはず。このようなバラエティに富んだコンテンツを編集し、**ただ見学・鑑賞するだけでなく、江戸尾張の文化を様々な形で体験学習できる、そんな生きたミュージアムにするのです。**

尾張が誇る文化として山車からくりも挙げられます。江戸時代の「名古屋三大祭り」は天王祭（那古野神社例大祭）、東照宮祭（名古屋東照宮）、若宮祭（若宮八幡社）を指し、

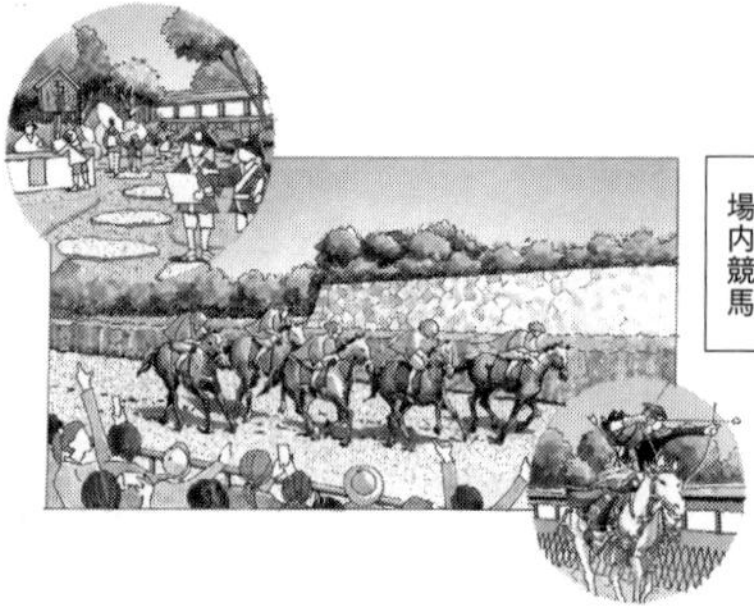

場内競馬

御殿結婚式

どの祭りもまず山車を殿様に見せるために三之丸まで曳いてきたんです。尾張徳川家最後の藩主、15代慶勝公は写真が趣味で、二之丸から山車を撮った写真が残っています。つまりここに殿様と庶民との接点があったんですね。3つの神社の山車は多くが焼失してしまいましたが、これも復元して名古屋城で山車揃えができるとさぞ壮観でしょう。

再建した二之丸御殿や二之丸庭園を含め、城内の施設を映画、テレビの撮影やイベントにも積極的に活用したい。民間の運営によって、武家と城下町文化にかかわる多様なイベントが開催可能となる。名古屋城のブランディング、収益性、両面で効果がもたらされます。

スペインのガウディ建築・サグラダファミリアのように、世界中からクラウドファンディング方式で資金を集め、復元工事も一般公開するという方法もあります。関心のある人たちに復元事業そのものにも参加してもらい、より思い入れを持ってもらう。これにより費用の負担を軽減できるとともに、愛着は深く、持続的になるはずです。

二之丸御殿・二之丸庭園は2040～2050年の完成

を目指します。並行して世界遺産への登録も目標としたい。民間＝営利事業という旧来の考え方ではなく、民の力をもってして人類の遺産を再生できるのだという世界に先駆けた事例にしたい。そんな壮大な構想も考えています。

名城公園を再整備し城下町文化を集約

もうひとつ有効活用したいのが名城公園です。同北園には、愛知県新体育館が２０２５年に移設・完成予定です。最大１万５０００人を収容する国内最大級の屋内型スポーツ施設となり、大相撲や国際スポーツ大会、コンサートなど多彩な大規模イベントの会場となります。集客力が高まるのに合わせて、公園全体をかつての下深井御庭にみる尾張藩のユニークな庭園の発想を活かし、尾張徳川文化の趣向を凝らした空間に再整備したいと考えています。

名城公園も含めれば名古屋城エリア全体の自由度

愛知県新体育館の
完成予想図

はいっそう高まり、さらに多彩なイベントが可能になります。徳川時代に関連する催事として**参勤交代行列、飛脚駅伝、城内相撲。城下町文化につながる催事では八楽座、八楽市（縁日マーケット）、からくりロボット芝居、城下町骨董市、広い空間を活かして大道芸、見世物小屋、サーカスなど。**庶民が親しんだ菓子、酒、名古屋めしなどの城下町文化は名城公園に集約することで、二之丸などの城内と色分けができる。さらに、周辺エリアでは国際会議やコンベンションの開催も誘致したいと考えています。

パークマネジメントの成功例・大阪城に学ぶ

我々、名古屋城パークマネジメント研究会にとって、参考になる事例が大阪城です。大阪城では民間が運営に携わるパークマネジメント事業が2015年にスタートし、商業施設や大阪迎賓館、吉本興業の劇場「COOL JAPAN PARK OSAKA」の開業、グルメ、スポーツ、イルミネーションなどの各種イベントの開催などを積極的に展開しています。**これによって大阪城天守閣の入場者数は年間300万人超、公園全体では1500万人と集客力が飛躍的にアップしました。**公園内だけでなく周辺への波及効果も大きく、飲食店、物販など、SNSで拡散されて行列ができるケースもいたるところで見られました。つまりパークマネジメントは周辺を含めたエリアマネジメントの視点も必要。名古屋城も大阪を参考にしながら、天守だけではなく、二之丸や名城公園などそれぞれが来場者を満足させられる魅力を持つことで、年間1000万人以上の動員を目指し、なおかつ名古屋市内はもちろん周辺地域への経済効果も推進していきます。

ひとつ懸念材料となるのは、インバウンドの比重が大きくなりすぎること。大阪城もコロナショックによって外国人観光客を当面見込めなくなり、2020年度の集客は大きく落ち込むことが避けられません。これは全国どの観光地にもいえることですが、インバウンドだけに頼らない、国内のリピート需要をうながす魅力づくりに取り組んでいく必要があるでしょう。

そのためにも城内にとどまらない周辺との連携が不可欠です。熱田神宮では刀剣美術館の設立が進められています。熱田神宮は何百振りもの刀剣を収蔵し、これを展示するミュージアムは今まさにブームの刀剣ファンの間で大いに話題になることは間違いありません。もちろん豊富な至宝を伝える徳川美術館とも連携を図ります。

名古屋城を中核に中部に波及効果。その原動力は市民の誇り

名古屋城パークマネジメントの構想は、単に名古屋城を中心に名古屋の観光を盛り上げることを目指しているのではありません。この構想が実現すれば、文化や思想、中部

全域そして日本全体に様々な変化をもたらします。

徳川幕府の思想や文化とＳＤＧｓの概念を連動させることで、ＳＤＧｓ目標達成への気運がいっそう高まります。伊勢志摩や昇龍道など広域の観光と協力体制をとることで、環伊勢湾、城と城下町の文化観光ネットワークを形成し、**伊勢～富士山を結ぶ城＋城下町ブームが到来します。**そしてリニア中央新幹線開通と合わせ、名古屋がその中心都市の機能を果たします。中部圏の催事、エンターテイメント、食、土産のサービス開発が進み、人材育成、雇用の拡大につながります。これらの盛り上がりは中部地方の圏域イメージを向上させ、外国人留学生、移住、雇用が増えるでしょう。観光サービスが発展するとその格付けのニーズが高まり、ミシュランガイドのような信頼性の高いグルメガイドブックも発行されます。それによって料理人のモチベーションや技術の向上、消費者の食の経験値も高まり、名古屋を中心としたこの地域の飲食産業全体の底上げにもつながります。

　この壮大な構想を実現させるためにはもうひとつ不可欠な要素があります。**それは名古屋市民の皆さんの街に対する誇りです。**私たちの街・名古屋は世界に誇り得る歴史と文化の上に成り立っている。「持続する歴史、環境、文化創造都市　名古屋」のアイデンティティを楽しみ、世界で唯一無二の次世代に向けたメッセージを持つ観光施設「名古屋城公園」を実現させるべく盛り上げていきましょう！

尾関利勝さん

（まちの歴史魅力探検隊・都市計画家）

1945年、名古屋市生まれ。東京芸術大学美術学部建築科卒。集合住宅、商業施設、公園緑地などの企画・設計・監理、市街地再開発事業の計画、設計などに携わる。大学での講師や市民イベントでの講師なども務める。

金居哲也さん

（大和リース名古屋支社 環境緑化営業所所長）

1981年、埼玉県出身。専修大学商学部卒と同時に大和リースに入社。2019年より名古屋支社に勤務。環境緑化、壁面・屋上緑化に携わり、パークマネジメント事業ではイオン長久手、アスナル金山の壁面緑化などを担当する。

リニアを機に名古屋が先進モビリティのけん引都市になる！

森川高行さん
（名古屋大学教授）

名古屋—東京間を40分で結ぶリニア新幹線の開業、愛知県が先頭に立って推進している自動運転の実用化など、交通インフラの大変動と大変革は、未来の名古屋を語る上で最も注目すべき要素のひとつ。交通システムの専門家、名古屋大学の森川高行教授に聞く、２０３０年の名古屋駅の姿、名古屋の道路交通、そしてそれによって変わる名古屋の暮らし——。

リニア開通で、東京にあるものはその都度気軽に借りればいい

これからの10年で、名古屋に最も大きな変化をもたらすのがリニア中央新幹線の開業です。当初予定の2027年開業は若干延期になりそうですが、リニアが開通すれば、東京・品川―名古屋間が40分でつながることになる。名古屋にとってこれは非常に大きなチャンスです。

40分というのはいわば地下鉄感覚です。特にビジネス面においては、この時間短縮は様々なハードルをグッと低くします。これまでは、名古屋に足りないソフト面を充実させて東京から人を呼び込ま

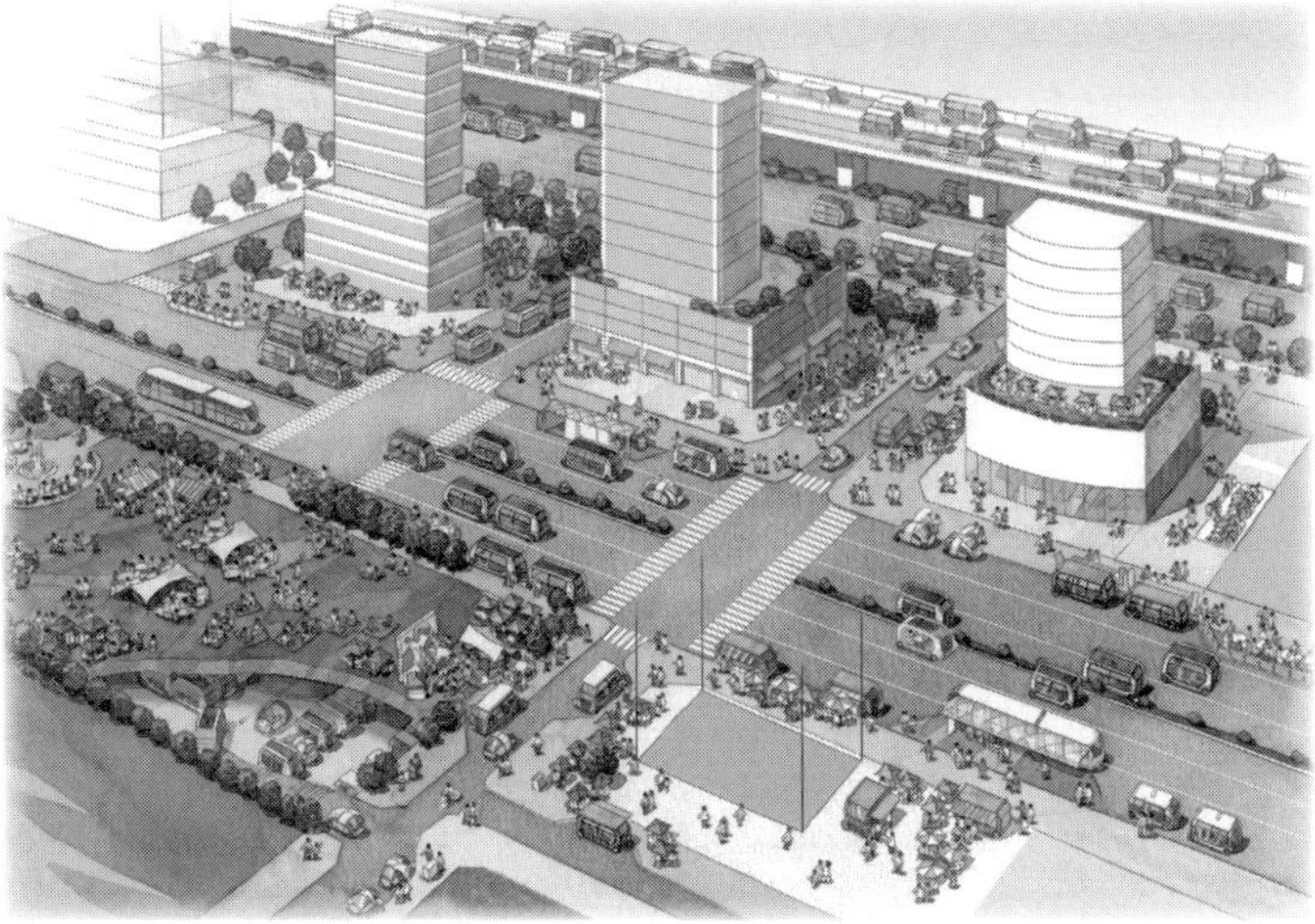

（名古屋市、名古屋都市センター、名古屋大学が作成した資料）

完全自動運転車時代の名古屋の都心部イメージ
～多目的幹線道路、都市高速、公園、地下駐車場～

なければ、と考えられがちでした。しかし、**これだけ近くなるのなら、むしろその都度来てもらって足りない企画力などは当面借りればいい、と割り切ることもできる。東京にとっても、名古屋が有するモノづくりの技術や機能を使いやすくなる。**お互いに必要とするところを融通しやすくなる。これは大きなメリットです。

他にも名古屋にはインターナショナルスクールが少なく、そのため有能な外国人が住みにくいと言われます。しかし、東京が近くなり、さらに２０３７年にはリニアが大阪まで延長して20分でつながるのですから、わざわざ名古屋に優秀なインターをつくる必要はないとも考えられます。東京に住む人は〝東京にしか住みたくない人〟。そういう人を無理やり名古屋に連れてこなくてもいい、という発想に転換すればいいのです。

そうやって気軽に東京から名古屋へ通っているうちに、そのうちの1割くらいは名古屋に住むのも悪くないと思ってくれる人が出てくるかもしれない。こうして名古屋が必要とする発想力、企画力を持った人材が少しでも名古屋へ移り住めば、やがて借り物が借り物でなくなります。

生活面では、買い物やコンサート、レストランなど、これまで以上に東京へ気軽に行けるようになる。ないものを無理に持ってこようとしなくても必要な時だけ行って享受すればいい。そう考えれば名古屋での生活の満足度は高まるのではないでしょうか。

〃迷駅〃解消。
広場空間で分かりやすく使いやすく

リニア開通によって表玄関の名古屋駅および周辺地区は大変身します。「迷駅」と揶揄されていた名駅は、分かりやすく、使いやすく大改造されます。**一番の目玉となるのがターミナルスクエア。ここへ行けば今、自分がどこにいて、どこへ行けば目的地へ行けるのかが一目で分かる案内機能を持った広場空間です。**これを東側に3か所、西側に2か所設ける計画です。

現状では名駅に乏しいオープンスペースが広がることで、駅前の景色がゆったりとして風格のあるものに変わります。東側の駅前広場は「飛翔」のあるロータリーが取り除かれ、道路も付け替えられて、広々とした駅前広場ができる。西側は地下にバスターミナル、タクシー乗り場をつくることで地上に余裕ができます。車でのアクセスも行く行くは高速道路と直結させ、ほぼ信号にひっかかることなく高速道路に乗れることになるでしょう。

新交通システムＳＲＴが
名古屋の街を優雅に走る

名駅の都市機能がいっそう高まりますが、一極集中は健全ではないので周辺のエリアも合わせて発展させていくことが重要です。栄、名城、大須など。今、これらのエリアに不足しているのは公共交通機関でのアクセス性です。地下鉄東山線の混雑緩和は長年の課題で、これを目的に開通した桜通線も十分とは言えません。

そこで**私が提唱しているのが、新しい路面公共交通機関、ＳＲＴ**（Smart Roadway Transit）**です。**ＬＲＴ（Light Rail Transit＝ライトレールトランジット）に近い視認性とサービスレベルを持つ、世界初の交通システムです。燃料電池や自動運転などの最新技術を使い、タイヤ形式で走る。都心部の短い距離をつなぐので、あえてゆっくり走らせて街のにぎわいをつくる。初めての人

完全自動運転車時代の名古屋の都心部イメージ
〜街区内道路、公園〜

（名古屋市、名古屋都市センター、名古屋大学が作成した資料）

でも乗りやすく、乗り心地がよくて街の風景にもマッチする、名古屋名物になるような乗り物です。

実は名古屋の都心部の自動車の交通量はここ5年で約20％減少しています。そのため一車線をＳＲＴ専用にしても渋滞は起きないというシミュレーション結果もでている。専用レーンを設けるか、ＳＲＴが走っていない時は一般車両も通れる仕組みにするかは、これから議論を進めていくところです。

スーパーメガリージョンで存在感示す
中部圏ハートランドの玄関口＝名古屋

リニア開通を契機とする国づくり構想の核となるのが「スーパーメガリージョン」です。これはリニアによって結ばれる東京〜名古屋〜大阪を人口7千万人を擁するひとつの大都市圏としてとらえ、世界の中の日本のポジションを復活させるというものです。ところが、スーパーメガリージョンのあり方を議論する協議会での中部圏の自治体や経済団体のプレゼンに対して、東京の反応は得てしてそっけない。東京は東京でやっていくから関係ない、という態度です。さらに大阪もまた名古屋とは温度差がある。それならいっそ名古屋がリニアの効果を活用して先へ進めばいい。リニアが大阪まで延びるまで10年かかるこの期間は、大きなアドバンテージになる。**東京や大阪が気づいた時には、**

名古屋がはるか先を走っている。そうなればもう決して名古屋を無視できないことになるでしょう。

ここで私が考えるのが「中部圏ハートランド構想」です。日本の中核としてけん引していくには、名古屋だけではインパクトが小さい。**〝日本の中の日本〟ともいうべき中部圏全域と一体となってプレゼンスを示す必要がある。名古屋はその中部圏の首都・玄関口となるのです。**

中部圏は、日本海側の北陸から白川郷や高山の山岳地帯を経て、太平洋側の伊勢志摩、熊野まで、日本の自然環境の特徴をほぼすべて網羅し、日本古来の土着的な文化も残っている。地歌舞伎や万歳といった泥臭い文化も残っていて、一方でモノづくりを中心とした産業で日本の経済の心臓部でもある。これら豊かで広大なエリアがすべて名古屋でつながります。名古屋がハブとなって、中部全域をひとつのエリアとみなしていくのです。

中部地方という言葉がありながら、そこに住む私たち自身はあまりそのイメージを共有できていませんでした。ですが、近年は「昇龍道」という主にインバウンドに向けた観光ルートの提案で、観光面では一体感が出てきた。今後様々な分野で「中部」を提唱していけば、徐々にイメージが定着してまとまりが出てくるのではないでしょうか。

ここでもやはりキーとなるのは交通です。**リニアにしても品川と名古屋の点と点が40分になるだけでは意味がなく、そこから周辺にアクセスする二次交通、三次交通の整備**

が実は重要です。名古屋の都市部はSRTでカバーする。次にビジネスでのニーズが高い豊田市への鉄道アクセスを強化する。その他の周辺の地域には高速バスも有効なので、これは駅西の地下のバスターミナルでリニアからストレスなく乗り換えて都心の渋滞にはまることなく目的地へ移動できるようにする。さらに最終目的までのラストマイルには自動運転のコミュニティバスやロボタクシーが活躍する。リニアはあくまで一次交通であり、二次、三次と継ぎ目のない交通網を整備することで、東京―名古屋40分というリニアの効果が中部圏全域のより多くの人たちに恩恵をもたらすことになります。

豊田、高蔵寺で既に実証実験されている最先端モビリティ

リニア中央新幹線の開通は、単に鉄道で東京と名古屋が近くなる、というものではありません。名古屋都市圏が世界に先駆けた先進モビリティのメッカになる、その契機です。10年後には自動運転による近距離バスやラストマイル交通が実装され、**30年後には完全自動運転によるマイカーやロボタクシーが多くの移動需要を担っている地域をつくる。**これにより、交通事故、職業運転手不足、高齢者などの交通弱者問題、渋滞、駐車スペースなどの社会問題が解消され、マイカーでの移動中も有効に使える。単に自動車を製造して販売する産業からモビリティ産業への転換が今、はかられているのです。

その見本となる都市がまず豊田市。豊田市では既に超小型電動自動車のシェアリングサービスが導入されており、今後は豊田市版ＭａａＳの構築が考えられています。ＭａａＳ（Mobility as a Service）は、公共交通機関やシェアリングモビリティを統合化することで、自家用車による移動に匹敵するサービスを提供するもの。もともと自家用車保有を減らすことを目的のひとつとした考え方ですが、**自動車産業を基幹産業とする豊田市版ＭａａＳは自動車保有を減らすことを第一義とするのではなく、過度な自動車利用を減らしながら公共交通を統合し、交通問題解消、まちづくり、生活の質改善などを目標としています。**豊田市版ＭａａＳは、日本版ＭａａＳの先駆けであり、市民へのサービスや新しい産業を生み出すお手本にもなるものです。

もうひとつが春日井市の高蔵寺ニュータウン。街びらきから50年以上経過した日本三大ニュータウンのひとつのこの地が今、国交省によるスマートシティの代表的地区に選定されています。特に**高齢者の丘陵地移動を容易にする自動運転による交通システムが実証実験を重ねています。**新しい交通システムの導入によって、オールドニュータウン再生の見本として今後いっそう注目を集めていくでしょう。

今はまさに自動車交通の１００年に一度の大変革期です。手の届きそうな夢としての自動運転をはじめとするモビリティ革命が、これほど現実味をもって語られる時代はありませんでした。その最右翼にいるのが名古屋都市圏であり、このチャンスを活かさない手はありません。名古屋都市圏は、リニアや自動運転など、次世代モビリティをけん引車とした地域イノベーションを実現すべきと考えています。

森川高行さん

（名古屋大学教授）

1958年神戸市生まれ。京都大学工学部卒、同大学院修士修了、マサチューセッツ工科大学（MIT）大学院博士修了。京都大学助手、名古屋大学助教授、MIT客員准教授を経て、2000年から名古屋大学大学院教授。現在の所属は、名古屋大学未来社会創造機構・モビリティ社会研究所。交通計画、消費者行動論、先進モビリティを専門分野とする交通システム分析のエキスパート。ITS Japan理事、名古屋都市センター顧問、豊田市交通研究所評議員。現在、名古屋市都市計画審議会会長、名古屋市交通問題調査会会長、名古屋スマートシティ推進協議会座長、次期あいちビジョン有識者懇談会部会長などを務める。

自動車が発電・通信の、三の丸が首都機能のバックアップに名古屋が世界をリードする防災都市になる

福和伸夫さん
（名古屋大学教授）

南海トラフ巨大地震の危険性が叫ばれるのをはじめ、自然災害の恐怖、リスクは、21世紀を生きる私たちにとって避けては通れない重大な問題だ。しかし、にもかかわらず私たち、そして社会全体の防災意識はなかなか高まらない。その一方で、愛知県では他地域に先んじた取り組みも動き出しつつあるという。この分野の第一人者である名古屋大学・福和伸夫教授が東海地方における防災の重要性、そして防災先進都市になるべく展望をわかりやすく解説する。

近代以降、１０００人以上の死者を出す大災害が４件もあった東海地方

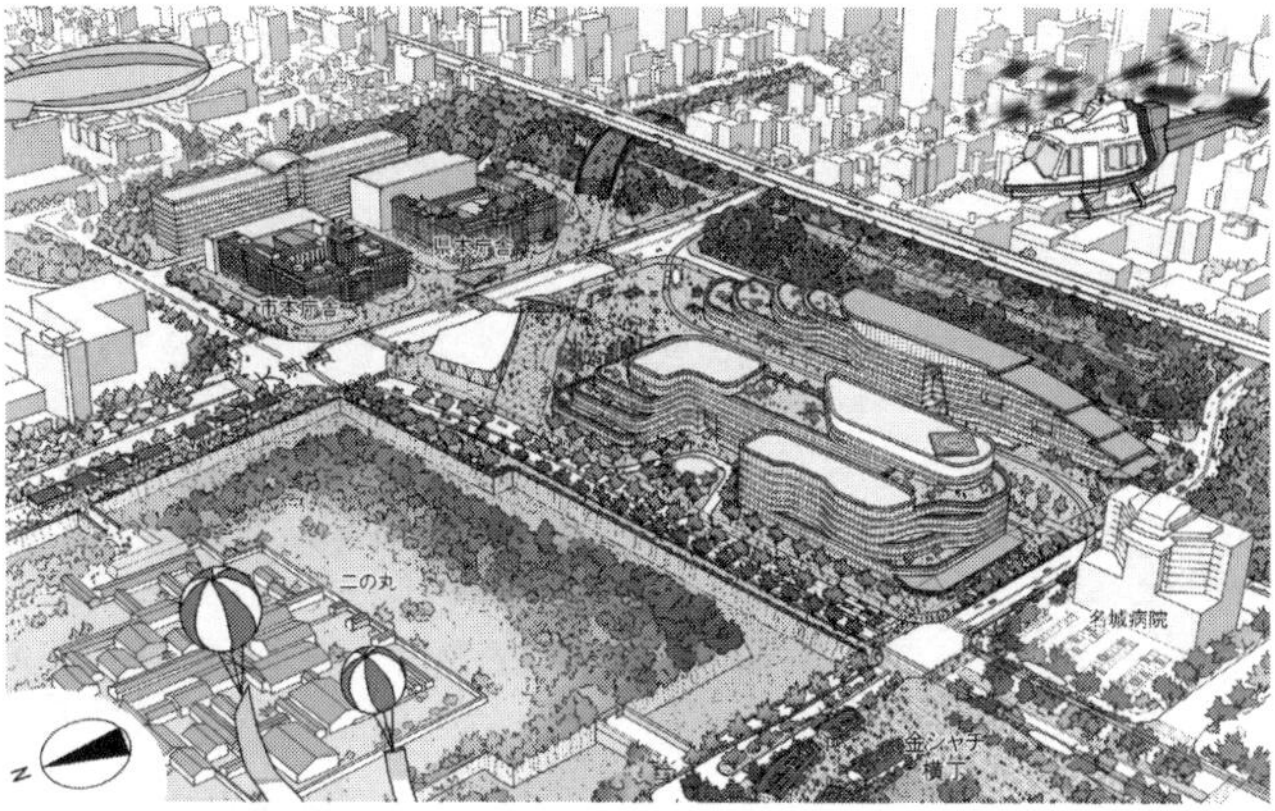

国、県、市の機能を再配備し、それぞれの集約移転が実現した場合を想定した整備構想イメージ図。天守閣への眺望景観を確保し、建物更新後の床面積は現況の７割を確保する

三の丸地区再整備研究会 提供

南海トラフ大地震、それが起こる前後の活断層の地震、そして伊勢湾台風のような風水害。東海地方で生活する私たちは、その危険に直面していることを意識していなくてはなりません。

この地方では、明治以降に１０００人以上の死者を出す災害が４つもあった。そんな場所は国内に東海地方しかありません。１８９１年の「濃尾地震」、１９４４年の「東南海地震」、１９４５年の「三河地震」、そして１９５９年の「伊勢湾台風」がその４つです。

濃尾地震の被害者は７０００人以上。当時の日本の人口は今の１／３ですから、被害がもたらした影響は東日本大震災と比べてもきわめて甚大です。

１９４４年12月7日には東南海地震が発生。１２００人以上が犠牲になりました。この被害によって東洋一の航空機メーカーといわれた中島飛行機や三菱重工での飛行機製造がストップし、翌週には名古屋で最初の大空襲が三菱の大幸（名古屋市東区）工場を襲った。さらに1か月後の翌年1月13日に誘発地震ともいえる三河地震が起き、２０００人を超す死者・行方不明者を出した。この２つの地震のＷパンチによって、日本は戦争

東南海地震での被害状況
現柳町通り（元国道259号）
愛知県公文書館 所蔵

を継続する能力を失くし、敗戦が決定づけられました。

東南海地震と三河地震はどちらも非常に大きな被害をもたらしながら、戦時下にあったことから、地元でもあまり語り継がれておらず知られていない。しかし、このふたつの地震が戦争の終息を早めたと同時に、その後の日本の耐震基準である建築基準法に大きな影響を与えました。

地震、気象災害のリスクは平成以降急増

このような歴史をふまえてみると、100年に1度ほどの周期で南海トラフ地震と思しき巨大地震が起きている。ひとつ前が太平洋戦争のさ中。その発生前後の地震活動期に、日本は必ず大きな時代の転換期を迎えている。東南海地震、三河地震以降75年が経ち、次の大地震がいつ起きてもおかしくないフェーズに入っています。**長い間、東海地方で地震が起きていないということは、逆に大きなリスクの種が日々膨らんでいるというシグナルです。**昭和の後半の30年間には国内で震度7以上の地震はひとつもなく、100人以上の死者が出たのは1983年の日本海中部地震のみ。西日本内陸の大きな地震もなかった。**対して平成の30年間には震度7の地震が6つも発生している。**死者約2万人の東日本大震災、死者約6000人の阪神・淡路大震災、死者200人以上の北

海道南西沖地震、死者２７０人以上の熊本地震……。西日本の内陸直下型地震も頻発していて、次の南海トラフ地震の予兆のように感じられるのです。

地震による被害は、地震そのものの規模以上に起きた場所に大きく左右されます。人が集中している都市部ほど被害者の数も多くなる。平成に起きたマグニチュード７．３の地震は３つ。そのうち阪神・淡路大震災は直接死が５５００人にもおよんだ。対して鳥取県西部地震は死者ゼロ、熊本地震は直接死50人。この結果からも明らかなように、都市に人を集中させると指数関数的に被害が増えます。

地震だけでなく、気象災害のリスクも年々高まっています。気象災害とは大気中で発生する災害の総称で、大雨や強風、雷、干ばつ、気温の異常などから生じる災害を指します。被害の規模が大きかったものには気象庁が名前をつけるのですが、名称がついた豪雨は、昭和後半30年間に６つだったのが、平成20年以降の10年間には８つも起きている。つまり、**平成20年以降は豪雨災害が起きる危険性が3倍以上に高まっているのです。**

そういう危機が今、目の前に迫っている。にもかかわらず、誰も本気で危機感を抱いていない。それがこの地方が今抱えている一番の問題です。

大きなリスクが近づいているという事実を見て見ぬふりをして、この75年間を過ごしてきてしまった。その時々の利益ばかりを追求して、危険なところに街を広げている無計画な人たちがいっぱいいる。氾濫原に道路を敷き、その道に沿って店舗をつくり、危険だからといって提防を築きと、マッチポンプのようなことを行ってきたのです。

【震度の最大値の分布図】

強震波形4ケースと経験的手法の震度の最大値の分布

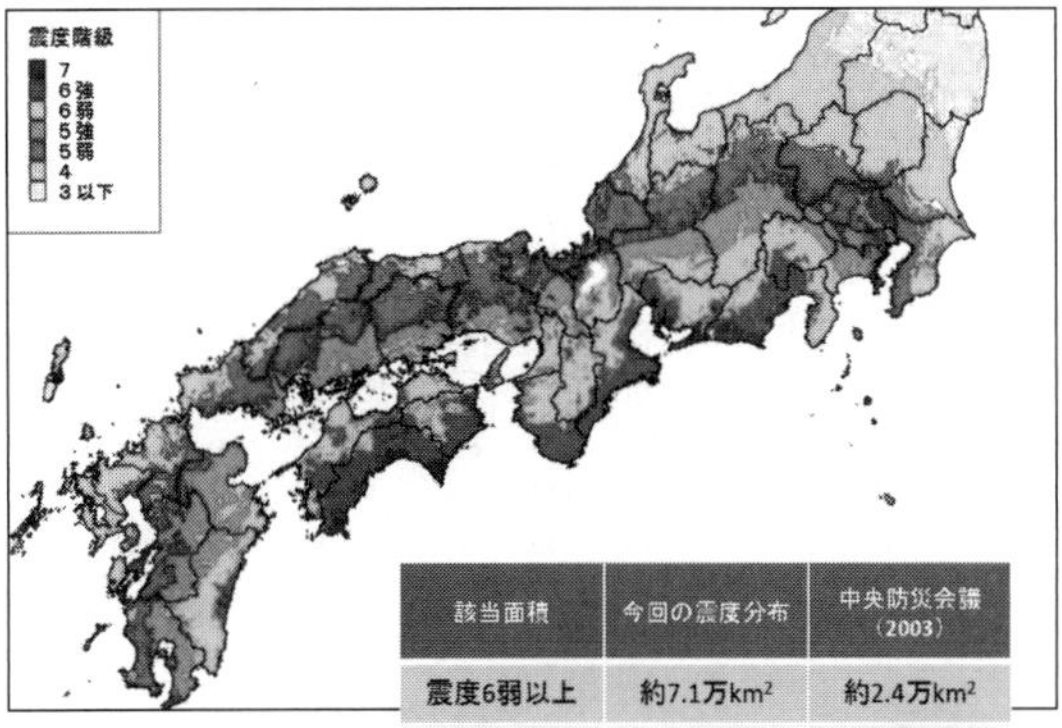

該当面積	今回の震度分布	中央防災会議（2003）
震度6弱以上	約7.1万km^2	約2.4万km^2
震度6強以上	約2.9万km^2	約0.6万km^2
震度7	約0.4万km^2	約0.04万km^2

出所：内閣府「南海トラフ巨大地震対策検討ワーキンググループ」
南海トラフの巨大地震による津波高・浸水域等（第二次報告）及び被害想定（第一次報告）について
資料1-1 南海トラフの巨大地震による津波高・震度分布等より

これは日本全体にいえることですが、例えば工業用水が供給できなくなったら、発電所も、製油所も、ガス工場も、製鉄所も動かなくなってしまう。あらゆるエネルギー、資源の供給がそこでストップしてしまいます。それなのに大元となる工業用水の防災の仕組みが脆弱なんです。ところが、そんな具合の悪いことをあえて言う人がいなかった。いろいろな組織が複雑にからみ合っているので実態がわからない。行政も縦割りだから全体の問題を把握できない。大企業も含めて誰もがハード対策を後回しにしてきてしまった。これが社会インフラの現状です。

経済的に豊かな自治体の首長は、選挙に有利な夢を語れるが、貧しい自治体の首長は国から予算を引っ張ってくることを目的に防災対策に力を入れる。結果として財政的に豊かな当地の場合は、防災予算の割合が相対的に低く、産業を守る社会インフラ整備が滞りがちになるといえます。

産業界がリードする愛知の防災

防災・減災について遅れていた名古屋・愛知ですが、最近になって製造業の分野でちゃんと取り組もうという気運が高まってきました。中部経済連合会から矢継ぎ早に、防災・減災に関する積極的な提言が出るようになったんです。モノづくりの工場というのは壊れたら肝心のモノをつくれず立ち上がれない。日本の国際競争力は製造業が担っているのですから、何としても守らなければなりません。商業中心の大阪や金融・証券・不動産が中心の東京とは条件が違うので、防災・減災への取り組みも真剣さの度合いが違うんです。

大企業は社会的責任が大きいのである程度は自己資金でやるべきですが、中小企業でもできる限りの対策を取る責任がある。それをバックアップするために、中経連のレポートに基づいて国土強靭化基本政策の見直しが行われ、中小企業強靭化法案という法律が整備された。これは中小企業の防災対策を税制優遇するというものです。このように**中部の産業界が国や自治体に働きかけて、インフラ整備や制度設計の見直しが進められるようになってきたことは明るい兆しと言えるでしょう。**

こうした動きをサポートするために2010年に設立されたのが、私がセンター長を務める名古屋大学減災連携研究センターです。これは地域のライフライン企業のバックアップによってできた研究施設です。3年前にはあいち・なごや強靭化共創センターという組織も設立された。愛知県と名古屋市もそれぞれ資金援助してくれています。こうした組織ができると人材も派遣してもらうことができる。そこで防災・減災のエキスパートとなる人材育成も始まった。産官学の力を結集する体制が整いつつあり、これができているのは愛知県だけだと思います。

このような気運は他の地域への刺激にもなっている。愛知県の取り組みを他のエリアも学びたいと、2019年10月には防災推進国民大会が名古屋駅のグローバルゲートで開催されました。全国から1万5000人もが集まるなど、防災の先進県として熱い視線を集めているのです。

さらに次のフェーズへステップアップするために中部防災推進ネットが2020年7月に設立されました。これは地域の多様な業界団体が連携して産業レジリエンスを確保していこうとする組織です。業界団体ごとに強みと弱みがあるので、もしも被災した際には企業や業界単位では迅速な復旧復興はままならない。お互いに知恵と力を結集し、助け合うことを前提に、事前の準備から進めていこうとするものです。同じ目的の国の協議会があるのですが、こちらがなかなか思うように進んでいない。だったらまず中部がモデルケースをつくり、それをお手本にして他の地域に展開していけばいい。次の大災害に見舞われた時に、日本という体制が崩壊してしまわないようその危機を乗り越える体制を今から整えておく。個人個人の防災ももちろん大切ですが、産業防災が実は非常に重要です。その方が効率的に一気に大がかりな防災対策を進められるし、災害時も都市の機能を維持でき、結果的に1人1人の命を救うことにもつながります。それができるのは力のある産業の団体、組織が集結している中部しかないんです。

三の丸を非常時の首都機能代替地に

もうひとつ、名古屋がやらなければならないのは三の丸の官庁街のリニューアルです。**首都に万が一のことがあった時に代替機能をまかなえるのは名古屋・三の丸しかありません。**リニア中央新幹線が開通していれば40分で東京と行き来ができる。国、県、市、すべての機関がそろっていて、さらにはかつては離宮として使われていた名古屋城は皇居としても活用できる。首都の代替地としてこれほど条件がそろっている場所は全国を見渡しても他にありません。名古屋都市センターが中心にまとめた三の丸の大改造計画は、国の災害対策としても是が非でも推進したいものです。

これを実現するために名古屋がもうひとつやっておくべきことは周辺地域との合併・協調です。首都としては様々な面で規模が足りない。この不足を補うために広域連携が必要です。

特に伸びしろを確保するために愛知県東部との連携が不可欠です。名古屋市と豊田市

図1

図2

2040年を目標にした基本的な機能配置をベースに、地区全体について様々な条件を考慮しながら機能を再配置し、国、県、市のそれぞれの集約移転が実現した場合を想定した整備構想イメージ図。久屋大通や本町通から三の丸地区への歩行アプローチを意識した景観形成や歩行者動線にも十分配慮した建物デザインとする。図1は久屋大通からの景観で、図2は本町通から北方面の景観、図3は東西軸の景観。街区内の東西道路は歩行者専用空間とし、東西の軸線をいかす

三の丸地区再整備研究会 提供

図3

を結ぶ地域は、防災の観点からすると日本で最も価値のあるエリアです。スペースは十分あり、災害危険度も低い。でき得るならばここに南北を通る電車のルートを通したい。尾張旭・瀬戸のあたりから豊明・大府あたりまで。さらに東西を強化するため、名古屋駅直結させれば交通インフラの南北・東西の軸ができる。これができると災害時の交通を補完する輸送力も大きくアップします。

自動車が被災時のバックアップシステムになる！

いうまでもなくこの地域の基幹産業は自動車産業です。日本の基幹産業といってもいい。この自動車産業の新しい技術、例えばＣＡＳＥ＊（Connected＝コネクテッド・Autonomous＝自動運転・Shared & Services＝カーシエアリング&サービス・Electric＝電気自動車）やＭａａＳ（Mobility as a Service＝ＩＴを用いたモビリティのサービス化）が、防災・減災に直結するようにしなければなりません。

南海トラフ地震に見舞われたら、この地域だけで何百万という人が家を失ってしまいます。発電も通信の機能も失います。そうなった時こそ、自動車はきわめて重要なバックアップシステムの役割を担うものとなる。自動車はこの先、電動化が進む。そこで、太陽光発電の蓄電池の役割を自動車が担う仕組みをつくっておく。その電気は非常に利用価値が高い。例えば発電所が停止したら、発電を再稼働させるのにもまた大きな電力が要る。その時、**何千台の自動車を集めれば、その発生電力で発電所の再開をサポートすることもできる。**さらに**自動車間の通信を利用して、大規模インフラに頼らない分散型の通信システムを自動車の機能の中に組み込んでおく。これらをより機能的に活用できるよう、自動走行を支える強固な道路インフラを今のうちに整備しておく。さらに、災害時に公的活用できるEV車には購入補助も行う。**名古屋が自動車産業の先進地として、災害に負けない全く新しいフェーズのモデル都市になっていく。これが実現すれば、非常に名古屋らしい、世界に誇れる災害対策になるはずです。

＊CASEについては、コロナ禍を経験して、SharedをSecuredに変更した方が良いと考えている

「地元愛」と「3つの〝本〟」が防災を推進する

災害対策に対する様々な課題。それを克服するには何が必要か？　**結局は〝地元愛〟だと思うんです。そして、「本音」「本質」「本気」の3つの「本」。**自分のことや目先の利益、都合だけでなく、将来の世代のことも考えながら、社会をちゃんと守るために、具合の悪いことがあっても偽りなくさらけ出し、「本音」で語り合う。その上で現状の具合の悪い「本質」を見抜いて分析する。そしてみんなで「本気」になって行動する。こ

れがようやく、おそらく日本で初めて、この東海地方で動き始めたと感じています。
私たちはこの先、間違いなく地震や台風などの大きな自然災害に見舞われる時代を生きていきます。「非常時」があることを前提とし、**平時モードと非常時モードをスムーズに切り替えられるデュアル社会システムをつくらなければなりません。**平時においてそれを推進するためには、あらゆる産業の普段の経済活動が、そのまま災害時の強力な体制整備になる、そんな社会構築が必要です。防災でビジネスをすればよいのです。それを活かせる非常時は必ず訪れる。普段からその対応を考えておけば、非常に有効なビジネスモデルをつくることができ、それは世界に発信、輸出できる大きなチャンスになるのです。待ちではなく、自分たちの暮らしや街を守るために積極的に動いていく、その姿勢が今こそ求められているのです。

福和伸夫さん
（名古屋大学教授）

1957年、名古屋市出身。名古屋大学減災連携研究センター・教授・センター長。名古屋大学工学部建築学科卒。名古屋大学大学院工学研究科修了。清水建設を経て、1991年に母校の教員に。建築耐震工学、地震工学、地域防災を専門分野とする。耐震実験教材「ぶるる」でグッドデザイン賞を受賞するなど、防災の仕組みや必要性を分かりやすい方法で発信している。防災功労者・内閣総理大臣表彰。

街

Nobuo Fukuwa

道路や公園。広い公共空間が栄の強み
技術力で世界に先駆けて
問題を解決する都市に

山本秀樹さん
（日建設計　名古屋代表）

1900（明治33）年設立と国内屈指の歴史を誇る建築設計事務所、日建設計。東京スカイツリー、東京タワー、関西国際空港旅客ターミナルなど全国数々のシンボリックな建築物を手がけ、名古屋でもミッドランドスクエア、名古屋ルーセントタワー、モード学園スパイラルタワーズなど、街の顔ともいうべきおなじみの巨大建築は軒並み同社の仕事だ。またビルにとどまらず、渋谷ヒカリエ、東京八重洲口、グランフロント大阪など街全体の都市開発・デザインでも大きな実績を重ねている。そんな街の開発のプロフェッショナルである日建設計の名古屋代表、山本秀樹さんの目には、名古屋の街の課題、そして近未来予想図はどのように映っているのか？

栄復権の鍵を握る久屋大通公園　名古屋へ来たら　誰もが足を運ぶ公園に

2010年に名古屋代表（支店長）として赴任し、自宅もこちらに構えて10年になります。それ以前の2000～2003年にはミッドランドスクエアの開発を担当し、その時もほぼ名古屋にいましたから、名古屋住まいはもうずい分長くなりました。

現在、名古屋市内で建設中の案件には、Hisaya-Odori Park（久屋大通公園Park-PFI事業）のランドスケープ設計、名古屋テレビ塔再生計画の改修設計などがあります。この2つは名古屋の中心地、栄が大きく生まれ変わるプロジェクトであり、市民の方の関心も高い

＊Hisaya-Odori Parkのイメージはすべて三井不動産株式会社提供

2020年秋にオープンした
Hisaya-odori Park

ものです。久屋大通公園Ｐａｒｋ‐ＰＦＩ事業は２０１７年にコンペが開かれ、三井不動産が代表構成団体のコンソーシアムが事業者と選定されて工事が進められ、２０２０年秋には完成する予定です。（＊取材は同年7月。公園は9月18日オープン）

久屋大通公園は名古屋の都心部で最もポテンシャルの高い公園です。単なる広場ではなく、商業的な面も含めて、非常に活用し甲斐のある空間です。

この再開発はＰａｒｋ‐ＰＦＩという制度を利用して進められています。ＰＦＩとは民間の資金と経営能力、ノウハウを活用して行う公共事業です。従来、公園内の建ぺい率は店舗やトイレも含めて２％と定められていますが、時代の変化にともない公園の利用法も多様になっているのに合わせて、特例的に規制緩和して民間事業者の参加を促すＰＦＩ事業です。これによって民間活力を導入し、得られた利益で公園のサービスの水準を上げ、訪れる利用者たちの満足度も高められることが期待できます。全国各地でこの手法は導入されていますが、その中でも久屋大通公園は大規模な事業にあたります。

久屋大通公園の再生は、栄地区全体の価値を高める期待も担っています。近年、大規模な開発が名駅に集中し、栄は水をあけられてしまって久しい。**名古屋という街全体の発展を考える上でも、栄が名駅と並び立つエリアとして活力を取り戻す必要がある。そのためにはテレビ塔を含めたこの公園が、あらためて栄の目玉になることが不可欠です。**

久屋大通公園は南北１・８kmあり、この事業はそのうち錦通り以北の約１kmが対象です。途中で桜通などの道路があるので、南北方向に4つのゾーンに分けて整備している。

「Hisaya-Odori Park」の芝生広場

南側の2つのゾーンはテレビ塔というアイコンがあるので、その眺望を大切にしながら、商業施設やアクティビティもある芝生広場など多様な要素を集約し、名古屋の新たな文化発信拠点として整備します。北側はゆとりのあるオープンスペースとして何げない日常をアップデートするエリアとして活用します。

世界の代表的な都市には、大体その街を象徴するシンボリックな公園があります。例えばシカゴのミレニアムパーク。クラウドゲートのアート、〝ザ・ビーン〟はその象徴で、高層建築が並び立つ風景も近代高層ビル発祥地と呼ばれるシカゴにふさわしく、シカゴへ行ったら誰もがこのオブジェの前で写真を撮る。**みんなが目的にしてまで足を運ぶ、そんな要素も取り入れて開発を進めています。**

公園は観光客を呼び込むだけでなく、地元の人にも日常的に活用してもらわなければなりません。

「3Dパーク」というコンセプトで、直下の地下街や周辺の沿道も含めて、縦にも横にも久屋大通公園という共通したイメージの空間を広げていって、にぎわいを呼び込みたい。

店舗は飲食・物販合わせて約35店舗が出店。日常的な憩いの場としての役割から、ファッション、スポーツ、グルメ、コミュニケーション、リフレッシュなど多様なサービスを提供できる場とします。長く愛されてきた久屋大通公園のアイデンティティを感じられるよう、テレビ塔を含めたこの公園らしい景色、眺望空間を守りながら、水盤にテレビ塔が映り込む新しいビジュアルの魅力も加えながら、公園全体の魅力やサービスをいっそう高めていくことを目標としています。

名古屋テレビ塔に新たなストーリーを

久屋大通公園と同じタイミングで名古屋テレビ塔もリニューアルオープンします。公園とテレビ塔の改修は事業としては別なのですが、市の計画もあって同じ時期に進められました。テレビ塔は新たにホテルもオープンすることで話題になっています。

名古屋テレビ塔は、名古屋市民にとっては愛着があり、歴史的な価値も高い。東京タワーよりも4年早い1954（昭和29）年に当時〝東洋一の高さ〟のタワーとしてオープンし、設計も東京タワーと同じ「塔博士」と呼ばれた内藤多仲氏が手がけています。東京タワーは、東京のシンボル、観光地としては本当にすごいスポットで、入場者がず

「Hisaya-Odori Park」のコミュニケーションゾーン

っと落ちないままなんです。今でも年間２５０万人くらいの集客がある。東京という街に対する憧れ、その象徴であり、誰もが心の中に思い描くストーリーがあるのが、その強さ、魅力の源泉でしょう。**名古屋テレビ塔にも、そんなストーリーがほしいですよね。**名古屋の人、名古屋へ関心のある人の愛情を刺激する、そんな物語が。今はアニメや映画の舞台にファンが聖地巡礼と称して熱心に足を運ぶ時代です。物語は過去の歴史を掘り起こすだけでなく、後からつくり上げたものでもいい。名古屋テレビ塔に対して、誰もが愛情を持って思い浮かべられる物語をこれからでも築いていくことが、栄のシンボルとして今後も愛され続け、栄に人を呼び込むためには必要ではないでしょうか。

都心部の容積率緩和で栄、伏見の価値向上に

2020年に入って、名古屋市都心部での大規模な容積率緩和が決定しました。容積率とは敷地に対する建物の延べ床面積の割合を都市計画で定めるもので、これが大きいほど大きな建物を建てられます。今回の規制緩和は、リニア開業を見越して、高級ホテルなどを誘致するための大規模な開発を促すことが目的です。緩和対象となるのは名古屋駅の西側から栄地区にかけての約350ha。このエリアは指定容積率が軒並み100〜300%見直され、名古屋駅西側は800→1000%、名古屋駅東側と栄駅周辺地区は1000→1300%に見直されます。これによって、一定の要件を満たす開発を市が認定することで、見直し後の指定容積率を上限として容積率が緩和されることとなり、これまでは比較的大規模な敷地にしか使えなかった都市開発における形態緩和手法の選択肢が増えるため、なかなか進んでいなかった栄や伏見・丸の内エリアの老朽化した建物の更新（建て替え）が促進されることが期待できます。

栄や伏見の不動産の価値が名駅に比べて低いことは、名古屋の都市としての長年の課題のひとつです。都心でありながら古いビルが多く、賃料相場が中古マーケットレベルになってしまっている面があります。私はビルをつくるのが仕事のひとつですが、もちろんすべて新しい大きなビルに建て替えればいいと考えているわけではありません。それでも、やはり街の目玉となる、人や企業を寄せつけ不動産価値を高めるシンボリック

な建物が必要だと考えます。栄は街区（通りに囲まれた区画）のサイズが名駅ほど大きくはないので、容積率が緩和されてもＪＲセントラルタワーズやミッドランドスクエアのような規模の超高層ビルはそもそも建てられません。しかし、高層ビルで上に人を吸い上げる名駅と違って、横に回遊して楽しい街であることが栄の特色。**通りに開けたビルなど、栄にふさわしいビルの形があり、人が集まる拠点になるような場や地を今回の規制緩和などを活用してつくることができれば面白い変化が現れるのではないでしょうか。**

栄の価値、魅力の向上は、近年の名駅に集中・偏重してしまっている都市機能のバランスを均衡あるものにすることにもつながります。名駅は東京ブランドのオフィスや商業誘致が進み、やや「リトル東京」的な様相となっている感があります。そうではない〝名古屋らしさ〟を発揮して他都市と差別化するには、栄をはじめ伏見、丸の内、名城、大須などの活性化が必須です。

危機感からイノベーションを興した先進都市に学ぶ

都市開発で参考になる街として挙げられるのがシアトルです。私自身何度も訪れたことがありますが、いつ行っても刺激を受ける魅力的な都市です。基盤となる産業があり、人気のプロ野球チームがあり、コンパクトで魅力的なダウンタウンがあり、周辺に豊かな自然があって住みやすい。名古屋にとっては、いろいろと共通点があり、また参考になる点も多い街です。特に見習いたいのはイノベーションの力です。戦前は林業、戦後は航空機産業で栄え、その中心のボーイングの本社がシカゴへ移転してしまった時にはそこからスピンアウトした人材がアマゾンやマイクロソフトを興し、シアトルとその周辺にはその後もコストコなど次々に新しい世界的な企業が生まれている。**名古屋とこの地域は長く自動車産業が盤石すぎるがゆえ、なかなか次代の産業が出て来にくいように感じますが、今後はイノベーションの気運を高めていく必要がある。**そのためにもシアトルはモデルとなる都市だと思います。

危機感を持ってイノベーションを興しているという点では、私の故郷である九州・福岡も参考になる点は少なくありません。福岡市も名古屋と同様に非常に住みやすいところですが、決定的な違いは福岡はサービス業が中心で、名古屋のように製造業という圧倒的な基幹産業がないのです。しかし、その弱みをよく自覚していて、それに対する危機感を官民が共有し、それぞれが連携して将来に向けた様々な動きを活発化させています。例えばアジアのハブとなるべく、海外に向けた積極的な情報発信もそのひとつです。シアトルにしても福岡にしても、現状のままではダメだという危機感こそがイノベーションの原動力になっていると思われます。

公共空間の多さを強みにし
技術力で街づくりの問題を解決する

名古屋はよく「三男坊（末っ子）の街」と称されます。高度成長時代以降、東京（長男）と大阪（次男）を結ぶため東海道新幹線や高速道路網などのインフラが整備されてきましたが、名古屋はその中間にあるため、自分が努力をしなくともその恩恵を受けることができたといわれます。リニア中央新幹線も名古屋が誘致しなくてもここを通る。このリニアの開通によって、東京・名古屋・大阪の三大都市圏が一体化して人口約7000万人という世界的にも類を見ない巨大な都市圏「スーパーメガリージョン」が誕生することになる。3大都市圏の中で、リニア開通効果で2時間圏が最も大きくなるのは名古屋圏です。つまり、リニアでもまた多大な恩恵を受けることができる。にもかかわらず、この千載一遇のチャンスを活かして地域を活性化しようとするビジョンや包括的な計画がいまだに見えていないと感じています。

名古屋ほど、産業、自然、歴史、文化などあらゆる面で豊かで、交通、買い物、行政サービスなども便利で、こんなに暮らしやすい場所は他にあまりありません。しかし、それだけではこれからの国際社会の中での都市間競争、地域間競争には勝てません。勝てなければ、優秀なグローバルな人材は集まらず、これまでの自動車産業など世界をリードしてきた製造業も、決して遠くない将来、衰退してしまう危惧もあります。**今こそ**

日建設計名古屋オフィス内に設けられた「Sakae-BA400」。名古屋栄の街を1/400の縮尺で再現してあり、サロンとして活用している

産官学公民が同じ将来像を共有し、ワンチームになって街づくり、地域づくりを進めていく時なのです。

戦後の日本の都市計画は、鉄道の駅と自動車道路のネットワークを軸に進められてきて、名古屋もそれを計画的に推進した都市です。広い道路をつくってモータリゼーションにいち早く対応し、交通事故が多いとなると歩行者の安全を確保するために地下街をつくった。つまりハード優先で街づくりを行い、問題が起きたらこれまたハードで解決してきた。しかし、それから既に70年以上がたち、今後自動運転が実用化されると街のあり方は今一度大きな変化を求められます。そこで、名古屋の道路の広さは、変化に対応できるアドバンテージになり得る。**特に中区は道路と公園が面積の40％以上を占める。つまり公共空間が非常に多い。公共性をもった街づくりを進める際にこれは大きな強みになります。**

来る自動運転の時代に、そこで生じる様々な問題を今度は製造業で培った技術で解決する。名古屋が世界で初めてそれを打ち出すことができれば、それこそ名古屋らしいし、カッコいいんじゃないでしょうか。

山本秀樹さん

（日建設計　名古屋代表）

1964年、北九州市出身。九州大学工学部建築学科（修士課程）卒。1989年に総合建設業者（ゼネコン）に入社。2000年に日建設計に入社し、2000〜3年にかけてミッドランドスクエア、2004〜12年には東京スカイツリーの開発にかかわる。2010年に名古屋に赴任し、2018年1月より名古屋代表（支店長）。趣味は音楽鑑賞、まち歩き、サイクルツーリング、テニス、ゴルフなど。

「会所」と「路地」でにぎわいと交流のある町に

名畑 恵さん
（錦二丁目エリアマネジメント株式会社　代表）

徳川家康による名古屋開府にともない整備された名古屋の城下町。その特徴が碁盤割の町割りであり、街区の中央に設けられた空き地＝会所だ。会所は町の緩衝地帯であり、住民の憩いと交流の場として機能してきた。この会所をコミュニティの核にすえて新しい町づくりを進めているのが錦二丁目・長者町地区だ。日本三大繊維街のひとつとして戦後の名古屋経済を引っ張ってきたこのエリアは、21世紀に入ってアートや祭り、多様な人々の交流によって新しい都心のコミュニティとして生まれ変わろうとしている。家康の都市計画を21世紀に継承・発展させる都心再生の進め方と未来像を探る。

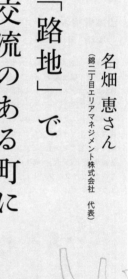

会所は太平の世を見越した家康の都市計画の象徴

あいちトリエンナーレでは2010、13、16年に長者町がまちなか会場に。ビルの壁面など街中の様々な場所がアート作品のキャンバスになった。写真はあいちトリエンナーレ2010出展作品「Place of Rebirth」(ナウィン・ラワンチャイクン")

錦二丁目・長者町地区の町づくりをしています。この地域は徳川家康の清須越によって城下町として整備され、今も当時の碁盤割りの100m四方の街区が残っています。戦後は繊維問屋街として繁栄し、2010年にあいちトリエンナーレの会場になったのを機にアートが街の中に浸透していきました。江戸時代からの伝統や昭和の産業的発展、そして新たなアートとの出会いをそれぞれ融合させながら、まちづく

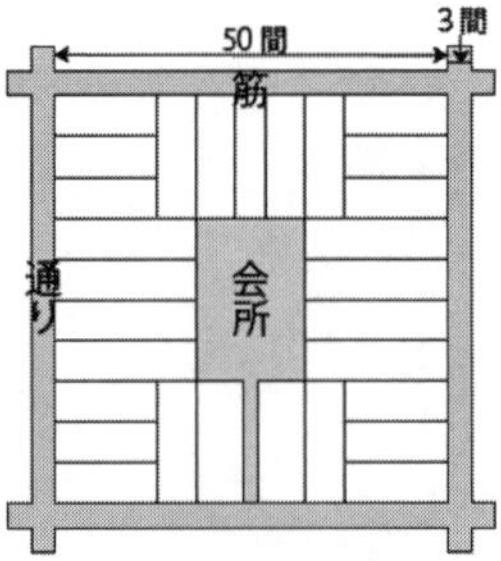

街区の中央に余白となる空間を設ける「会所」。家康の都市計画によってつくられた名古屋の城下町ならではの特徴だ（『花の名古屋の碁盤割』より）

りを進めています。

町割りの中で最も特徴的なのが「会所」です。会所とは街区の中央に設けられた空間。**家康が天下泰平の世を見越して、商業の発展を促すために考案した都市計画の象徴です。**街区の真ん中に空間を設けることで、うなぎの寝床のような細長い店舗が並ぶのではなく、東西南北四方の筋に路面店を配置できる。限られた敷地の中にたくさんの店舗を出店できる非常に優れた町の構造です。会所は江戸時代の日常では祈りや交流の場として活用され、現在は主に寺社仏閣の境内として現存します。

会所は路地を介して町とつながります。会所と路地はセットとなって、町の様々なにぎわいをつなぐ役割を担っています。私たちはこの会所と路地を町の潜在力としてとらえ、これを活かした町づくりを図っていきたいと考えています。

その第1弾として、**2022年に着手される再開発計画にも、会所と路地を計画的に設計に組み込んでいます。**再開発される区域の中央をオープンスペースとし、そこへつながる路地の物件を我々が借り受け、テナントのリーシングも行います。10坪×4軒の小規模物件で、ここにカフェなどにぎわいを創出する店舗を誘致したい。町に思い入れをもち積極的にかかわってくれる人、ここで創業したいという意欲を持っている人に入居してもらいたいと思っています。中央の会所では、マルシェを開催したり、この地域を拠点とするアーティストやミニシアターのイベントに活用して、日常的なコミュニティの居場所にしたい。街中では通常、公共と民間の空間がはっきり二分されていますが、その境界が曖昧模糊とした空間にしたい。余白があることで町は豊かになると思うので、その役割を会所と路地が果たしていければと考えています。

意外だった町の人の気質と将来への思い

私がこの地域にかかわるようになったのは学生だった2004年のこと。師匠である故・延藤安弘先生（千葉大学、愛知産業大学などで教授を務めた都市計画、地域活動の第一人者）が講演会に呼ばれて、私も同行したのがきっかけです。延藤先生は「ここは都市計画的に素晴らしい町だ！」とほれ込み、以後継続的にかかわっていくことになります。毎月ワークショップや勉強会を開催し、さらに2008年には地域内に「まちの会所」という拠点を設けて腰をすえて町づくりに取り組むことになりました。

私が通い始めた当初は、繊維問屋さんの多くは「一般の方お断り」で、業者さんしか近寄れないちょっと怖いイメージがありました。しかし、くり返し接するようになると決してそうではないことがわかってきました。**丁稚奉公の経験がある方も多いせいか若者をかわいがる文化が町全体にある。**先生よりも学生が顔を出すと結構気さくに話を聞いてくれるんです。仲良くなるほどに商人ならではの心意気を感じるようになりました。まちの会所を開く際も、地域にとけ込むために事務所の備品はすべて周りからのいただき物でそろえることにしました。机、いす、湯飲みにいたるまで、全部ごあいさつがてら余っているものをいただいて回りました。これをきっかけに気にかけていただけて、皆さんが何かにつけて顔を出してくれるようになりました。

もうひとつ意外だったのは、町の人の意識です。まちの会所を開いて最初にやったのが地域の人たちの基礎調査です。当初私たちは、これからも繊維中心でやっていくべきと考えている人が多いだろう、と思っていました。ところが、アンケートを取ってみると**「将来は多様な混ざりあいのある町であってほしい」という回答が7割を占めたんです。**これによって、変わらなきゃダメだという危機感をみんなが持っていることが分かりました。こんな都心部でありながらアンケートの回収率が9割もあったことにも驚かされました。皆さんすごく協力的で、これで地域の人たちの温度がグッと上がったと感じました。

異邦人が出入りすることによって生まれた町の人のつながり

私たちが出入りするようになって、町の人同士の関係性にも変化が現れました。問屋さん同士はお互い商売敵なので、通りを一本隔てると全然交流がないことも珍しくなかった。それが外部の人間である私たちが入り込んで勉強会などを開くようになったことで、初めて言葉を交わすようになるケースも多々あったと聞いています。**私たちのような異邦人が入っていくことで、町の人同士がつながってきた、**という手ごたえがありました。

基礎調査を行うと人口構成も明らかになりました。昼間人口は約2万人。対して夜間人口はわずか430人。繊維業華やかなりし頃は店舗の上を住居とする人が多く、奉公人も同居し、暮らしと商売が一体となっていました。ところが、商売がうまく行ったとでみんなが郊外に住まいを構えるようになり、夜には人がほとんどいないある意味限界集落的な場所になってしまっていたんです。それでもさらに思いを尋ねていくと、この場所に土地を所有していることを誇りに感じ手放したくないと思っている人も多かった。次世代にいい形でつなぎたいという思いを抱いている人もいることが分かりました。

基礎調査の他に、みんなで学んで話し合うワークショップもひんぱんに開催しました。会合などを含めて100回くらい話し合いの場をくり返し、具体的なアクションへとつなげるためにまとめたのが「これからの錦二丁目長者町まちづくり構想」マスタープランです。

この構想の方向性を示す3つの方針が「安心居住」「元気経済」「共生文化」です。名古屋では都心部に住むという感覚が薄いのですが、この地域では多世代が住む都心居住を促したい。商業で発展した町ですから経済の活性化も欠かせません。記憶・楽しさ・声明を分かち合い街の気分を育むことが共生文化となる。この3つの方針をつなぐ役割を果たすのが会所であると位置づけています。

「長者町ゑびす祭り」と「トリエンナーレ」がもたらしたもの

2000年に始まった長者町ゑびす祭り、2010年から3回にわたって長者町を会場としたあいちトリエンナーレが地域にもたらした影響も非常に大きなものでした。

長者町ゑびす祭りは名古屋長者町織物協同組合の50周年記念事業として開催されました。問屋が卸値で一般の人向けに販売するお得さで人気となり、今では2日間で10万人が集まります。もともとは1回だけのつもりが、**エンドユーザーに直接ふれられ、地域の一体感も得られる貴重な機会として、現在に至るまで継続的に開催されています。**

あいちトリエンナーレは2010年の第1回から、2013年、2016年と3回にわたって長者町一帯がまちなか会場となりました。**これによってまちづくりにかかわる人がすごく多様になりました。**出展アーティストを含めて様々なアイデアを持った人が

1

2

3

1 2010年のあいちトリエンナーレをきっかけに手作りのベンチを歩道に設置した。都市の木質化プロジェクト「錦二丁目ストリートウッドデッキ」

2 長者町ゑびす祭りのシンボルになった山車。地域にはもともと山車があったが、戦災で焼失。ユニークなからくり人形と合わせてアーティストの手により新たにつくられた

3 この地域を拠点とするアーティストも増加。まちなか結婚式は町の名物にもなっている

町に入ってくるようになり、中には結婚して住民になったアーティストのカップルもいます。一組のアーティストカップルが路上結婚式を行ったのをきっかけに、毎年のように町で結婚式を挙げるカップルが現れるようになりました。繊維問屋の古いビルがアートの展示会場として利用され、それを機に価値が見直されてクリエイティブな場として利活用されるケースも出てきています。

長者町ゑびす祭りで曳く山車も、2010年にアーティストの手によってつくられたもの。当初、人混みの中での曳き回しは危険だからと年長者からは反対されていたのですが、若手たちが京都まで曳き方を習いに行って実現させました。祭り当日、ずっと反対していた長老が「みんなで練習してきた山車の曳き回しなので見てやってください」とアナウンスしてくれた時には、みんな感動して涙を流していました(笑)。

年に1回行っている清掃活動もトリエンナーレがきっかけです。2010年の初開催の際、来場者の人たちがみんな路肩に座り込んでいたんです。エンドユーザーを受け容れていなかったこともあり、人がたくさん来てくれるのに、ベンチを置くという発想がなかった。それをきっかけに歩道に休憩用のベンチを置くようになり、合わせて街の環境づくりが大事だという気づきにつながった。そこから、錦二丁目の町内会が中心となって、一斉清掃を行うようになりました。住人やアーティスト、喫茶店などの個人事業主から大企業まで、今では200人以上が集まります。普段は顔を合わせる機会がない人たちと、会社の壁を超えて声をかけ合い協力し合うのはとても気持ちのいい体験で、掃除は地域コミュニティの仕組みの基本だと感じています。

町には繊維業を中心に経営者が多いので、ビジネスの話になると経営理念がぶつかり合ってしまう。町づくりにしても目的に進められがちな面があるため自分は関係ない、という人がどうしてもある程度は出てきてしまう。その点、**祭りやアートは、損得抜きにしてみんながひとつになることができ、地域の人にまちづくりに顔を向けてもらえるきっかけになっています。**

旦那衆文化が残っているのも長者町ならでは。町にとって大切なものをパトロンになってサポートするという気風があるんです。2019年のあいちトリエンナーレでは長者町は会場から外れてしまったんですが、せっかく盛り上がってきたアートの気運を途絶えさせてはいけないと、何人かの経営者たちがお金を出し合ってアーティストにポンと渡してくれたんです。それを使ってトリエンナーレの会期に合わせて「アート・ファーミング」というイベントが開催されました。

SDGsを共通言語に複数のゴールを目指す

2011年に作成した「これからの錦二丁目長者町まちづくり構想」マスタープランの最終年に設定したのが2030年。今がちょうど折り返し地点です。構想の3つの方

毎年1回、秋に行われる錦二丁目・長者町地区一斉清掃。200人以上が集まり、交流を深める役割も果たしている

針「安心居住」「元気経済」「共生文化」を実現するために必要なのが、まちのコンセプトと経済的合理性の折り合いをうまくつけること。そのためにはＳＤＧｓが共通言語になる。本当の豊かさを目指すために複数のゴールを目指すところにＳＤＧｓの肝がある。これは小さなエリアでも同じで、地域の人々がアンケートで回答してくれた「多様な混ざりあいのある町」とも合致します。コーヒー一杯の向こうの地球の裏側にどんな世界があるのか。繊維街で売ってシーツの綿はどんな労働環境の下で栽培されているのか。個人と世界、町と地球、まちづくりと企業など、あらゆるつながりを取り結ぶ可能性を持った共通言語になり得るのではないか、と思っています。

それを方向づけるひとつの形として、会所と路地に町の人と外の人が交流する風景をつくりたい。２０２２年の皮切りに、他の街区にもそういった働きかけを行い、ヒューマンスケールな都心のあり方を提起したいと思っています。

名畑 恵さん

(錦二丁目エリアマネジメント株式会社
代表)

1982年、愛知県春日井市出身。椙山女学園大学生活科学部生活環境学科卒。愛知産業大学大学院造形学研究科（建築学専攻）修士課程修了。故・延藤安弘氏に師事し、錦二丁目・長者町のまちづくりにかかわる。2018年に延藤氏の跡を継ぎ、NPO法人まちの縁側育くみ隊代表理事に就任。同年設立した錦二丁目エリアマネジメント株式会社の代表も務める。

奥三河と名古屋の二拠点生活が当たり前の社会に

田村太一さん
（一般社団法人　奥三河ビジョンフォーラム専務理事）

新東名高速の開通で名古屋からグッと身近になった奥三河地区。自然豊かな山村地区のイメージが強いが、近年は地元の人たちと移住者らの人的交流が盛んで、ビューティーツーリズムやスポーツツーリズムなど新たな魅力の創造・発信にも積極的に取り組んでいる。さらに設楽ダムの着工、東三河ドローン・リバー構想など、未来に向けたプロジェクトも進行中。リモートワークの普及によって、名古屋との二拠点居住の選択肢としてのプライオリティも高まっている。奥三河と名古屋の新しい関係づくりは、二つの地域に住む人たちにどんな未来を示してくれるのだろう？

〝こころの過疎〟にしてはならない

©Kikuzo

新城市の愛知県民の森を会場とする「ダモンデトレイル」。2015年から春秋の年2回のペースで開催されている

山の緑や空気がこんなにきれいなんだ――！　26歳で地元の新城にUターンした時、生まれ育った奥三河の自然の豊かさにあらためて感動しました。

家業に就いてほどなく青年会議所のメンバーとなり、まちづくりの活動にかかわるようになりました。現在、専務理事を務める奥三河ビジョンフォーラムも、青年会議所と連携しての活動が多かったため、自然と両者の活動に携わることになりました。奥三河ビジョンフォーラムは地域の個人、企業を中心に100名余のメンバーで構成され、「奥三河4市町村（新城市・設楽町・東栄町・豊根村）」「上下流」「都市と山村」「産学官民」のつなぎ役の機能を果たし、「森林」「観光」「エネルギー」「人材」を地域の資源として活用する役割を担っています。

奥三河は2005年の市町村合併で、8市町村から4市町村となりました。合併に向けた勉強会や討論会を重ねる中で、地域全体の課題も明らかになっていきました。人口の減少、経済の縮小、働く場の不足……。

そんな状況の中で**目指すべきテーマとしたのが「暮らし続けられる奥三河」です。**奥三河の総人口は約5万3000人、生産年齢人口は約2万6500人。これが2030年には約4万5000人（マイナス14％）、約2万1000人（マイナス21％）に減少するとみられています。この予測からも分かる通り、〃人口の過疎〃はある程度避けられないでしょう。しかし、〃こころの過疎〃にしてはならない。こころの過疎とは、そこに暮らす住民が自分のまちに対する誇りや希望を失ってしまうことです。逆に言えば、誇りや希望を抱けるまちであれば、こころがここから離れてしまうこともなくなり、暮らし続けようと思ってもらえると考えます。

奥三河の生活を考える際、3つの視点が必要です。**「奥三河の4市町村」「東三河の中の奥三河」「三遠南信の中の奥三河」**がその3つです。

「奥三河の4市町村」は4つの市町村がそれぞれ個性を尊重しながら、連携する効果を生み出し、補完し合うことで「奥三河」という地域のブランディングを図っていく。「東三河の中の奥三河」は両者を水でつながる運命共同体としてとらえ、新東名高速による交流分断に対する危機感を共有し、2026年完成予定の設楽ダムによる上下流交流を再構築する。「三遠南信の中の奥三河」は東三河・遠州・南信州の広域エリアの中で奥三河は結節点になる。県境をまたいだ古くから交流のある生活圏ですが、ひとつのエリアとしては情報発信力に難があり、県境域モデルが今後必要となる。

この3つの視点を持って、奥三河という地域の位置づけを明確にし、存在価値を高めていく必要があります。

地域おこし協力隊で活性化
森を駆けるスポーツツーリズム

この先避けては通れない人口の減少。それはすなわち労働力の減少、担い手不足につながります。そんな中でも〝こころの過疎〟を食い止めるためには、足りない分はよそから来てもらう、すなわち移住者や域外事業者との連携促進、そしてこれまで活躍の場が少なかった女性や高齢者の人材としての活用が必須となっていきます。

移住者の活用策として成果を挙げているのが地域おこし協力隊です。これは総務省が2009年に制定した制度。地域外の人材を誘致して1〜3年にわたってそこに暮らしながら地域協力活動に従事してもらい、国や自治体が報酬や住居などを提供するというもの。奥三河でも２０１３年からこれを活用し、これまでに20名以上を受け入れています。

地域おこし協力隊の人材から生まれた新しい取り組みは数々あります。ひとつがスポーツツーリズム。スポーツを通した観光振興で、これを具体化させたのが協力隊としてUターンした有城辰徳さん。Uターン2年目の２０１５年2月に愛知県民の森（新城市）を会場に**トレイルランニングのイベント「ダモンデトレイル」を開催しました。**トレイルランニングとは未舗装の山野を走る、近年注目が高まっているアウトドアスポーツです。ダモンデトレイルの一番の魅力はビギナーが参加しやすいこと。他の大会は20〜30㎞をワンウエイ（一方通行）で5〜8時間かけて走破するレースが多いのですが、ダモンデは一周２・７㎞のコースを最大4名のチームで3時間周回するエンデューロレース。これなら普段走り込んでいるランナーじゃなくてもエントリーできるし、会場も限られたエリアになるので飲食店などの出店者にとっても集客しやすく、お祭りのようなにぎわいがある。純粋に楽しい！　とトップアスリートも参加してくれ、それが一般のランナーの刺激にもなる。コースはもともとある遊歩道なので適度にランナーが走ることで保全の効果もある。毎年春・秋に開催し、毎回募集定員の４００人がすぐにいっぱいになるほど人気の大会になっています。私自身、これをきっかけにトレイルランニングにハマって、全国の大会に参加するようになりました㈶。有城さんは地域おこし協力隊としての契約を3年間満了した後も新城市に定住し、一般社団法人「ダモンデ」を設立して大会の運営や自転車連関のイベントなどを行っています。

〝美の地産地消〟ビューティーツーリズム

ビューティーツーリズムは地元企業と地域おこし協力隊が連携して2015年に始まりました。和歌山県から地域おこし協力隊に参加した大岡千紘さんが、地元でセリサイト（別名：絹雲母）を採掘している三信鉱工とともに、鉱山探検＋手作りコスメティックの体験をツアー化。月1〜2回の開催日は毎回すぐに予約で埋まるほどです。セリサイトは国内では三信鉱工が唯一採掘していて、品質の高さから〝奇跡のパウダー〟とも呼ばれて世界でトップシェアを誇っています。これを観光に活かせないかという思いは会社や地域にもかねてからあったのですが、そこにMyコスメティックをつくるという女性らしいアイデアを加えたことで、**〝美の地産地消〟をテーマにした日本にここだけのビューティーツーリズム「naori－なおり」が誕生したのです。**

知多市から設楽町へ移住した杉浦篤さんが商品化したのがスキンケアオイル「設楽茶油」。町内には放置茶畑が多く、そこに残っていた茶種子から搾ったオイルです。杉浦さん自身、長年アトピーに悩まされていたのですが、奥三河の自然環境と自身が開発したオイルの効果で治癒し、その実体験も商品の信頼性につながっています。

ビューティーツーリズムをはじめ、これらを観光資源として奥三河の旅の提案をする奥三河観光協議会「ｏｋｕｍｉｋａｗＡｗａｋｅ／メザメ奥三河」も設立されました。地域外事業者と地域内の企業や商店がコラボして地元の既存商品を統一ブランドしてリプロデュースする動きも盛んで、養殖のチョウザメやジビエ、ジャムや柿酢などがあり、また登録商品を使ったレシピを地域外事業者が開発協力する事例もあります。「ｏｋｕ-ｍｉｋａｗＡｗａｋｅ」はこれらを地域のツーリズムとして発信する役割を担います。

日本でここだけでしか採れないセリサイトを使い、自分の肌に合ったマイファンデーションをつくることができる“美の地産地消”をテーマにしたビューティーツーリズム「naori-なおり」

＊「naori」および「ビューティーツーリズム」は、東栄町の登録商標

奥三河の資源に新たな価値を見出す域外企業や移住者たち

地域外の企業が、奥三河の自然を活かして事業を興すケースも多い。奥三河蒸留所は、安城市の企業・ランドが奥三河の杉・檜を使ったエッセンシャルオイルを開発するために設立。地域連携プロジェクトの第2弾としてハッカの栽培も進行中です。フォレストアドベンチャー・新城はこの地域の豊かな森林をアクティビティとして活用しようと、名古屋の企業が設立したアウトドアパークです。2018年にオープンし、こちらも週末は予約でいっぱいになる人気のスポットとなっています。

移住者、起業者の増加はデータにも表れています。今とりわけ元気なのは東栄町で、**「社会増加率」は2010年-2015年比較で全国11位に位置付けられています。**特に女性の活躍が目立ち

フランス発祥の自然共生型アウトドアパークとして注目を集めているフォレストアドベンチャー。「フォレストアドベンチャー・新城」は愛知県内唯一の施設で、ダイナミックな樹上体験を楽しめる

ます。きっかけのひとつが沖縄から移住してきた金城愛さんが２０１５年にオープンした古民家ゲストハウス「ｄａｎｏｎ」。ここへ遊びに来るうちに地域を気に入って、何かやりたい！　と活動を始める人が少なくありません。また、町役場の女性職員が**移住ソムリエ制度を創設し、移住希望者の受け入れの窓口になっている。**町の案内や住居の紹介などをサポートし、金銭的な補助とは違った支援策のひとつになっています。

移住者は手作り雑貨、手作りコスメ、タイ古式マッサージ、ダイニングやバーなど、手に職を持っている人が多い。隣の豊根村では、この地域の伝統行事である花祭りに魅せられて通ううちに、地元の男性と結婚して定住した女性も。彼女はイラストレーターなので、リモートで仕事ができる。そんな個性と技術を持った人たちがつながって、新しい動きが次々に起こっているんです。

設楽ダムの観光資源としての活用

設楽ダムが１９７３年の調査開始から約40年の時を経て２０１７年にようやく着工しました。完成予定は２０２６年です。この**ダムの観光資源としての活用も、奥三河全体で取り組むべき大きな課題であり、同時に大きな期待をともなうものです。**

ダム建設にともない周辺道路の整備が進み、奥三河へのアクセス環境が大きく向上します。ダムをつくるもともとの発想は豊川で結ばれる上下流の交流であり、ダムの完成後にそれが途絶えてしまうことは避けなければなりません。そのためには東三河だけでは十分ではないので、もっと広域から人を呼び込む必要があります。

そこで最も大きな役割を担うのが**2026年完成予定の山村都市交流拠点施設です。**滞在滞留施設を整備して、子どもたちの自然体験学習や上下流交流など流域住民やダム湖を訪れる人たちを呼び込むような空間づくりの検討が始まっている。さらに、この施設と連携し、奥三河に森林情報センターも整備して、森林をデータベース化し、交流促進、人材育成、森林資源の利用促進などに活かしていきたいと考えています。

これまでは森林の活用＝木材生産という発想しかありませんでした。しかし、森林の三次産業として空間もまた資源として活用するというのが近年の新しい考え方です。森には癒しの力もあるし、スポーツやアクティビティのフィールドとしても大いに魅力がある。**人と森が近い。そんな関係性を奥三河から築いていきたい。**日本では、山へ行くというと装備をして、さぁ行くぞ！という非日常のようなイメージが強いのですが、今日は天気がいいから子どもと森へ行こう、そんな散歩の延長のような場にしていきたい

2026年完成予定の設楽ダム。山村都市交流拠点施設も合わせて整備し、観光施設としての期待もかかる

と思っています。また、木材の活用法も従来の建設用材だけでなく、オイルやセルロースナノファイバーなど成分利用の分野でも選択肢を広げていけば、森の可能性はもっともっと広がります。

東三河ドローン・リバー構想で エアモビリティの先進地に

東三河ドローン・リバー構想も大きな期待がかかるプロジェクトです。2019年に準備会が立ち上がり、2020年8月には東三河ドローン・リバー構想推進協議会を設立しました。豊川市、新城市、豊川ビジョンリサーチ、奥三河ビジョンフォーラム、豊川市商工会議所、新城市商工会、JA愛知東、JAひまわりなどが中心メンバーです。**ドローンなどのエアモビリティの産業クラスターの構築、利活用による中山間地の課題解決を目指します。**

エアモビリティは機体の性能は向上している一方、実装させる環境が不足しています。現実問題として、何かトラブルが起きた際に緊急離着陸できる場がないと運行させられないんです。その点、この地域には豊川をはじめ川が多いので、川の上空を複数のエアモビリティが行き来できる実証フィールドとして活用してもらうのです。

協議会内には社会実装プロジェクトを進めるための研究会を発足。物流研究会は物流の自動化、高速化による輸送ネットワークの構築、具体的にはマイドローンによるセルフ型宅配システムの実装を、作業省力化研究会は作業省力化を進めるイノベーションの構築、具体的にはリモートセンシングによる「量」から「質」の農業への転換の実現を目指します。

実現化のために重要なのは地元の経済界の後押し、そして何より住民との合意形成です。ドローンを実験として飛ばすのはいいが、実際に自分の家の上空を飛ぶとなると途端に不安を感じる人は少なくない。その点、**この地域には建設、農業、林業などエアモビリティを活用できる産業がたくさんある。**いろいろな産業で少しずつ利用してもらい、それが自分たちの生活を少しでも改善してくれると分かれば、実用化へのハードルがグッと下がります。

こうしてエアモビリティを地域の生活や産業にとって身近なものとしていけるよう、5年後の社会実装を目指します。また実証実験のフィールドというだけでなく、その後も継続的に地域の産業として根付かせていきたいと考えています。

新しい働き方・価値観にマッチする名古屋⇅奥三河の二拠点生活

今、働き方は大きな転換期を迎えています。都市部でテレワーク＝在宅勤務、モバイルワーク、サテライトオフィスの導入が広がり、奥三河でも市役所や商工会などでテレワークやオンライン会議が始められました。また、**多業＝半農半Ｘ、半公半Ｘ（公務員＋起業）という複数の業種を組み合わせて生計を立てる働き方も一般化していくでしょう。**人に求められる要素として、自立心、自律性、探求心、価値観の多様性がこの先ますます大切になっていく。奥三河はこうした要素を存分に活かせるエリアです。

そして、このような変化の中で、奥三河は最も近い都市である名古屋と、非常に相性がいい地域です。高速道路でのアクセスがよく**1時間少々あれば都市と森とを行き来できるのです。**平日は名古屋で仕事をし、週末は奥三河で過ごす、あるいはその逆も、働き方、生き方の選択肢として十分にあり得、また魅力があるものだと思います。

事実、コロナ禍の非常事態宣言解除後には、奥三河各地に一気に来訪者が戻りました。ハイキングや、フォレストアドベンチャー、ｎａｏｒｉなどに参加者が復活。30〜40代のファミリー層が奥三河で古民家を探す動きや、移住ガイドブックを求める動きも活発化しています。ｏｋｕｍｉｋａｗＡｗａｋｅによるワーケーションへの取り組みも始まりました。テクノロジーをうまく活用することで、物理的距離や人手不足の問題は解決できます。ウィズコロナの時代となり生活様式が一変したことで、奥三河への移住や地域居住の可能性は以前にもまして広がったと感じます。

人も、生活も、仕事もお互いに交じり合う。２０３０年、奥三河と名古屋は今よりもっと近しい、日常的に行き来をする間柄になっているはずです。

田村太一さん

（一般社団法人 奥三河ビジョンフォーラム
専務理事）

1971年、愛知県新城市出身。時習館高校、同志社大学商学部卒。関東での3年間の会社勤務を経て、Uターンして家業の土木建設業㈱田村組入社。2011年社長に就任。地元の青年会議所（JC）所属当時から奥三河ビジョンフォーラムの活動に携わり、奥三河全体の地域づくりに取り組む。2018年12月に専務理事に就任する。3児の父。趣味はトレイルランニングと落語。

観光

「尾張徳川博物館」として名古屋市役所本庁舎を再生。人類史上稀有な平和な時代に地球の未来を学ぶ

藤井英明さん
㈱ゲイン 会長

徳川幕府が統治した江戸時代は、２６５年にわたって戦争がなかった世界史上でも稀な長期安定政権期。この時代の遺産・史料を最も豊富に所有し、なおかつ全国に広がった有力大名を輩出した地こそが、尾張・三河すなわち現在の名古屋・愛知である。国家同士の軋轢や地球規模の環境破壊や自然災害、人口の大爆発、そして感染症の拡大と、先行きが見えない今だからこそ、長きにわたって人々が幸せに暮らした徳川時代に学ぶべきではないか。そしてその地には名古屋こそがふさわしい。そんな思いから沸き上がった「尾張徳川博物館」構想とは――？

歴史的建造物をミュージアムとして再生

名古屋市役所庁舎

名古屋市役所本庁舎を「尾張徳川博物館」として再活用する。名古屋市役所新庁舎計画（8ページ〜）、愛知県本庁舎ホテル計画（96ページ〜）と並ぶ、名古屋三之丸地区再整備構想の〝三本の矢〟のひとつがこのプランです。

名古屋市役所本庁舎は1933（昭和8）年に竣工。近代的な建築に和風の屋根を載せた帝冠様式といわれる意匠は、隣の愛知県庁舎、さらには名古屋城天守とも調和し、屋根には東西南北に〝四方にらみ〟の鯱も載っています。玄関ホールと階段に使われている大理石は国会議事堂の余材。館内はクラシックで重厚感があり、映画やドラマの撮影にもしばしば利用されています。この一世紀近くにわたって市民に親しまれ、かつ文化的価値も高い歴史的建造物を、地域ゆかりのミュージアムとして再生するのです。

名古屋城や徳川美術館とも連携した立体的な観光を

展示・収蔵品とするのは、名古屋城の備品を中心とする尾張徳川家の膨大な資産です。江戸時代の史料は全国にありますが、尾張徳川家の時代の遺産・史料は愛知県、名古屋市が質量ともに圧倒しています。**美術品を軸とする美術館とは異なり、博物館として江戸時代の暮らしを多彩な展示品で表現します。**士農工商それぞれの層から、祭り・婚礼・祝い事・葬式・正月・山車・料理・台所・器・造り酒屋・調理器具・武道・柔道・剣道・茶道・香道・書道・花道・神道・相撲・忍者・歌舞伎・芝居・浮世絵・襖絵・絵画・漆器・陶器・ペット・かるた・俳句・短歌・和歌・音楽・踊り・楽器・武具・甲冑・刀剣・家紋・家具・鷹狩・流行病・遊郭・銭湯・からくり人形・神社・仏閣・瓦版・化粧・髪型・髪飾り・着物・帯……展示品は無数にあり、これらを活かした企画展のテーマも無限にあります。

尾張徳川家とその影響を受けた〝人〟にフォーカスしても、企画のアイデアは次々に浮かんできます。家康が晩年最も愛した尾張藩初代藩主の九男・義直。8代将軍・吉宗の倹約政策に対抗して娯楽遊興を奨励した7代藩主・宗

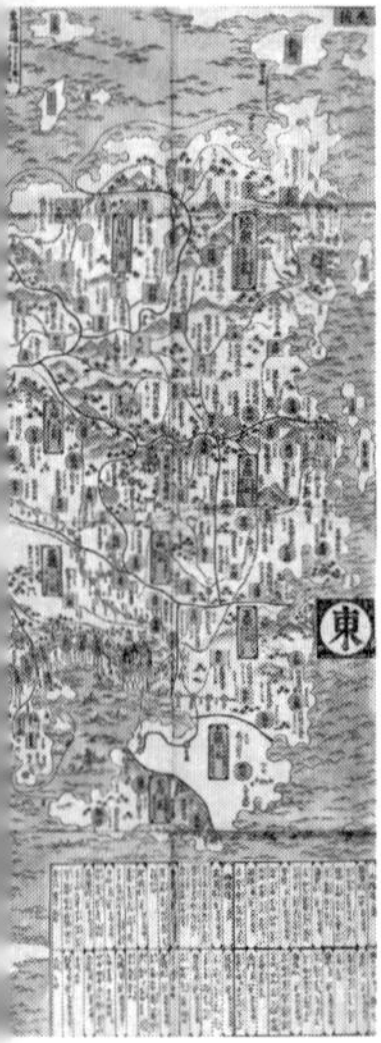

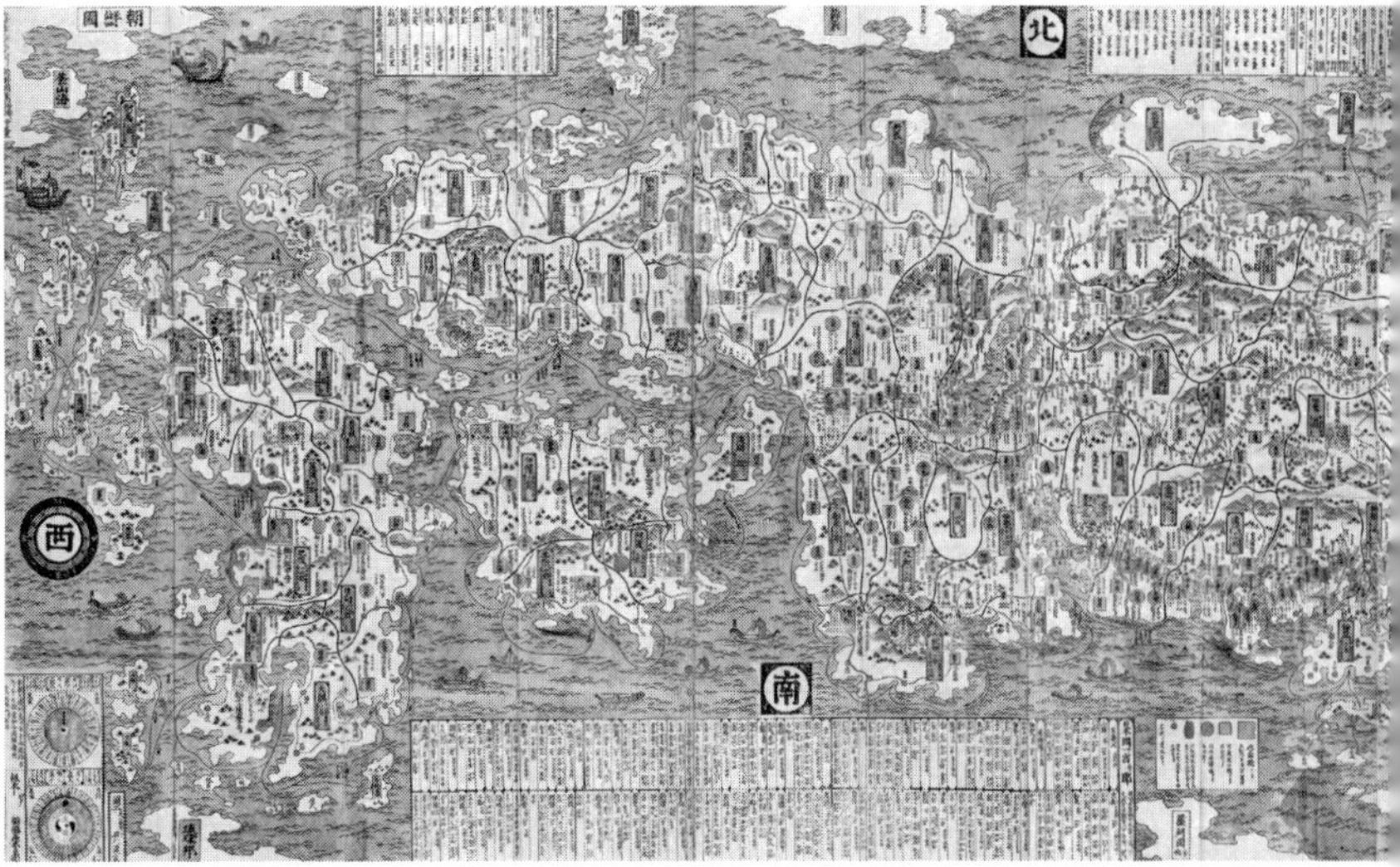

日本海山潮陸図　元禄4年（1691）版

国立国会図書館デジタルコレクションより

春。幕末の動乱を最小限に食い止めた影のヒーローにして、維新後はカメラマニアとして多くの貴重な写真資料を遺した最後の藩主・慶勝、自ら受け継いだ尾張徳川家の宝物を寄付して徳川美術館を設立するなど、学者・文化人としてユニークなエピソードに事欠かない19代当主・義親。また、「雄しべ」「雌しべ」という言葉の生みの親でもある伊藤圭介などすぐれた博物学者を輩出していることも、尾張徳川家の文化的な豊かさが反映されています。**全国的に**

は名前を知られていなくとも魅力にあふれた人物に光を当てることで、「〝経済も文化も心も〟豊かな名古屋」のアイデンティティを、内側にも外側にも打ち出せるのではないかと考えます。

殿様・お姫様の使った品々については、徳川美術館が国内でも群を抜いた点数を完璧なコンディションで所蔵し、こちらとも連携を図ります。名古屋城で統治の中枢を見る、尾張徳川博物館でその時代のリアルな生活や文化を学ぶ、本丸御殿や徳川美術館で美や技術の極みを愛でる、そして夜は会所で庶民の生活を味わう。周辺の施設やエリアと合わせて、立体的に徳川の時代を体感してもらうのです。

尾張徳川の時代に人類の真理を学ぶ

徳川幕府が治めた江戸時代は１６０３年から１８６８年まで２６５年にわたって戦のない平和な時代が続きました。この当時の日本は他国とほぼ交流することなく、独自の文化、価値観を築き上げました。人・モノ・金・情報の他国との行き来がない状態で、国内だけで完結して人民が幸せに過ごすことができました。世界的には帝国主義による植民地化が進んだ時代でもあり、その中で独自性を守ったという点でも価値があります。

私たちは戦争のない平和な世の中が当たり前だと思いがちですが、太平洋戦争の終結からまだほんの75年。その間、世界では戦争、紛争、内乱、人種間の衝突が絶えません。そう考えると、江戸時代がいかに安定した豊かな時代だったかがうかがえるのではないでしょうか。そして今、人口爆発や環境破壊、国際社会の軋轢、そして伝染病の蔓延など地球規模での危機が差し迫っています。そんな時代だからこそ、課題解決のヒントが徳川時代に見つかるのではないか？　人類が学ぶべき真理があるのではないか？　**徳川時代の最大の価値として「平和」というキーワードを掲げられるはずですし、そのイメージを積極的に打ち出すべきだと思っています。**

徳川時代の諸大名は愛知県＝尾張・三河をルーツとする人物が多く、すなわち徳川時代の日本は尾張・三河文化の発展形ともいえます。だからこそ尾張徳川の時代を分かりやすく伝えるミュージアムをこの地につくることは、人類と地球の行く末を再考するためにもきわめて意義のあるものだと考えます。

また、私たちが抱く江戸時代、徳川時代のイメージは、明治維新以降につくられたものが多く、いわば為政者によって塗り替えられた部分も少なくありません。その観点からしても、ミュージアムを通してこの時代の魅力や価値を正しく伝えることは、様々な意外性を提示でき、かつ非常に有意義なものとなります。

ヨーロッパ、北米など先進国では、黒沢映画でＳＡＭＵＲＡＩに興味を持ち、ボストン美術館の日本コレクションなどによって徳川時代に対してリスペクトを感じている人たちも少なくありません。徳川をテーマとしたミュージアムは、海外からの関心も集めることになるでしょう。
竣工目標は２０３３年。年間３００万人の動員を目指します。合わせて徳川美術館50万人、名古屋城１５００万人、新名古屋市役所&新愛知県庁３００万人、そして城下町を活かした丸の内地区の会所に１５０万人。今こそが名古屋を目指してやって来てくれる計２３００万人に向けて文化観光資源開発に取り組むべきまたとないタイミングなのです！
尾張徳川の文化的遺産は、名古屋の人たちにとってルーツであり、心から好きになり、自慢できるもの。尾張徳川博物館をきっかけに誇りを取り戻し、「名古屋ＬＯＶＥ」を全国、そして世界に向けて発信していこうではありませんか！

藤井英明さん

（(株)ゲイン　会長）

1949年生まれ。長野県阿南町出身。愛知大学中退。ダンスホールや居酒屋などナイトシーンの多彩な業態を展開するイデックスに入社。1986年、(株)ゲインを創業。情報誌『KELLy』出版、期間限定飲食店などのイベントを手がける。本業の他に（財)にっぽんど真ん中祭り文化財団理事、地域活性化などのプラン提案、新型コロナウイルスに対する#OPEN THE DOOR 活動など多方面で街の活性化に関する活動を展開する。趣味は読書、野菜作り、男声合唱団。好きな人物は稲盛和夫、八木広太郎（イデックス創業者)、座右の銘は「敬天愛人」。

県本庁舎ホテル構想。
尾張名古屋の
アイデンティティの象徴に

神谷利徳さん
（建築デザイナー）

名古屋を中心に数々の繁盛飲食店を生み、さらには商業施設や文化施設など大規模なプロジェクトにもかかわる神谷利徳さん。多彩な空間づくりを手がけてきた神谷さんが、名古屋の未来の街づくりの中で熱い視線を送るのが三の丸地区再整備、とりわけ県庁舎のホテル化だ。名古屋城と官庁街で構成される名古屋の中核部は、はたしてどんなふうに生まれ変わる可能性を秘めているのか——？

ホテルのフロントを最新交通インフラと連動させた都心のゲートウェイに

三の丸地区は、名古屋開府の原点である名古屋城と官庁街からなるエリア。名古屋の将来に向けてこの地区のポテンシャルを最大限引き出そうとするのが、有識者による「名古屋三の丸地区再整備構想」です。

このプランの目玉が、県・市本庁舎の文化・宿泊施設への転用です。**愛知県本庁舎をホテルに、名古屋市本庁舎を博物館に。**名古屋を代表するランドマークであり歴史的建造物をリノベーションして活用しようというものです。現時点では実現を約束するものではなく、まさしく〝ドリームプラン〟ですが、その未来予想図を私なりに考えてみます。

愛知県本庁舎は1938（昭和13）年竣

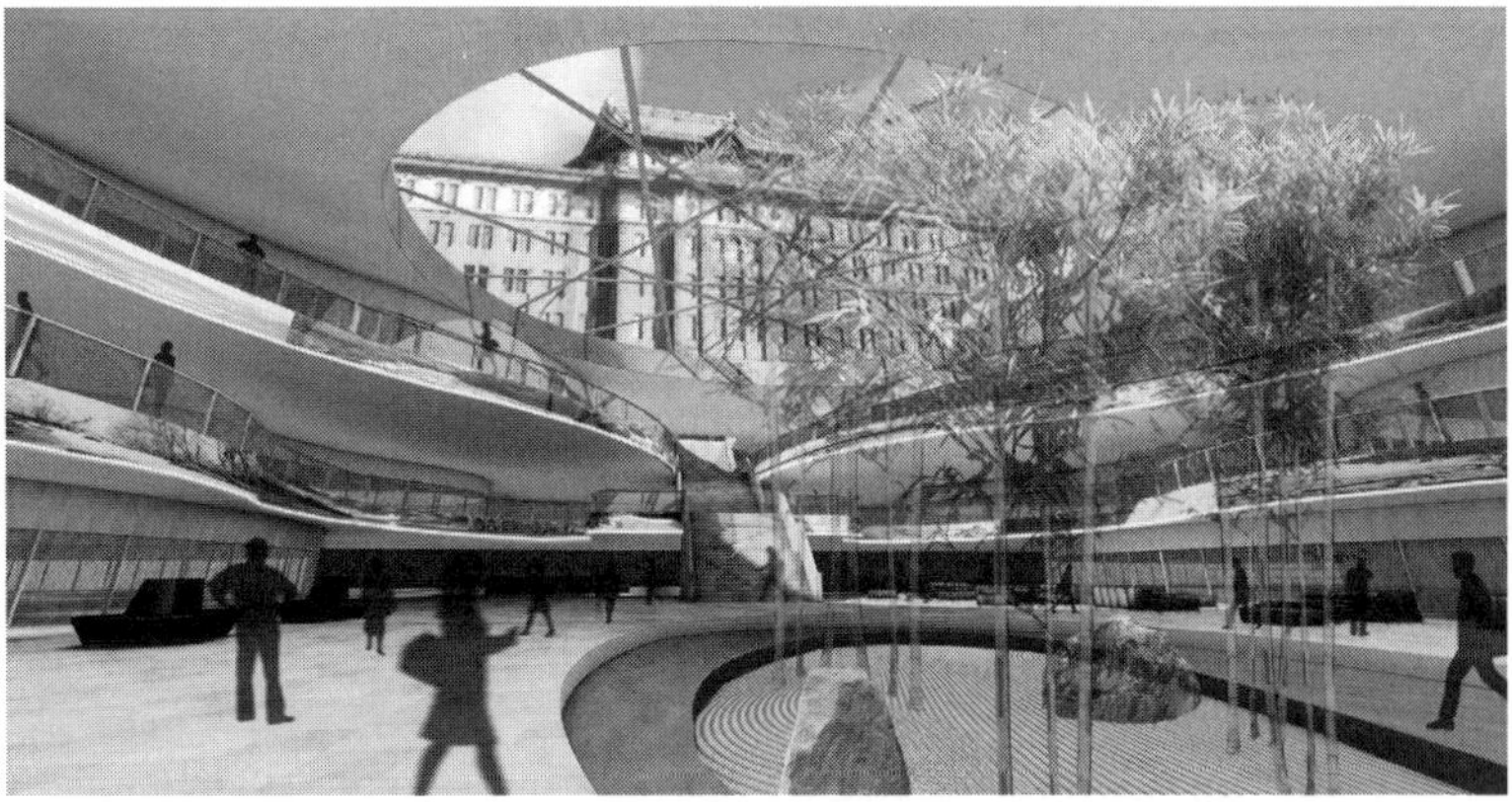

◎この章のイメージ図など画像作成はすべて神谷デザイン事務所

工で、国の重要文化財に指定されています。城郭風の屋根を載せた帝冠様式を取り入れ、外装のタイル貼り仕上げが陶磁器産地である愛知県らしさを表現するなど、当時の時代性や匠の技を結集した貴重な建築です。

　これを五つ星クラスのホテルとしてリノベーションするというのが、私が考える再整備プランです。

　最大のポイントは、ホテルそのものだけでなく、正面のアプローチ部分の活用法です。基本的な外観は現状を維持しながらも、新交通システム、地下鉄、バス、自家用車、地下街、近隣の公園や公共施設からのアンダーパスといった**様々なアクセス方法をエントランスフロント部分と連動させて開発するのです。**これらを地下空間に集約させ、建築の視認性を確保することもポイントです。

エントランスからフロントロビー、ホワイエにおける空間は、尾張名古屋を連想させるアートリテラシーをもったパブリックなスペースを創出します。この地域には有松絞り、七宝焼き、焼き物、木工など、誇るべきモノづくりの文化がある。尾張のアイデンティティである伝統工芸や伝統産業、芸術家、作家などをピックアップし、随所にアクセントとして取り入れるのです。

中庭は宿泊客以外も活用できるフリースペースとして活用します。ここで活きるのがお茶の文化。尾張徳川家も熱心だった茶の湯は、焼き物や西尾の抹茶など地域の産業や食材ともかかわりが深い名古屋の圧倒的なアイデンティティです。**自然やアートと融合させたジャパニーズモダンな和カフェ、茶室はホテルの要素として絶対に必要です。**海外の人たちは日本の禅カルチャーにも関心が高く、そこで日本のティーセレモニーを体験してもらえば、名古屋らしさあふれるおもてなしとして喜んでもらえることができるでしょう。

このような交通インフラと連動したエントランス、そしてアートリテラシーに基づく共有空間によって、世界のＶＩＰを迎え入れると同時に、市民も気軽にアクセスしてそこで過ごせる都心のゲートウエイとしての機能を持たせるのです。

尾張名古屋のアイデンティティを核とした
アートリテラシー

ホテルは宿泊機能やサービスだけでなく、レストラン、バー、カフェなどが総合的に統一感のあるクオリティで構成されていなければなりません。単純に有名ホテルを誘致して三ツ星レストランを入れればいいというものではありません。そこで軸となるのが**尾張名古屋のアイデンティティを取り入れたリーシングであり、アートリテラシーです。**メインダイニングにはこの地域で活躍する世界を見すえた料理人を起用できれば理想的だし、そこに八丁味噌や西尾の抹茶など地元

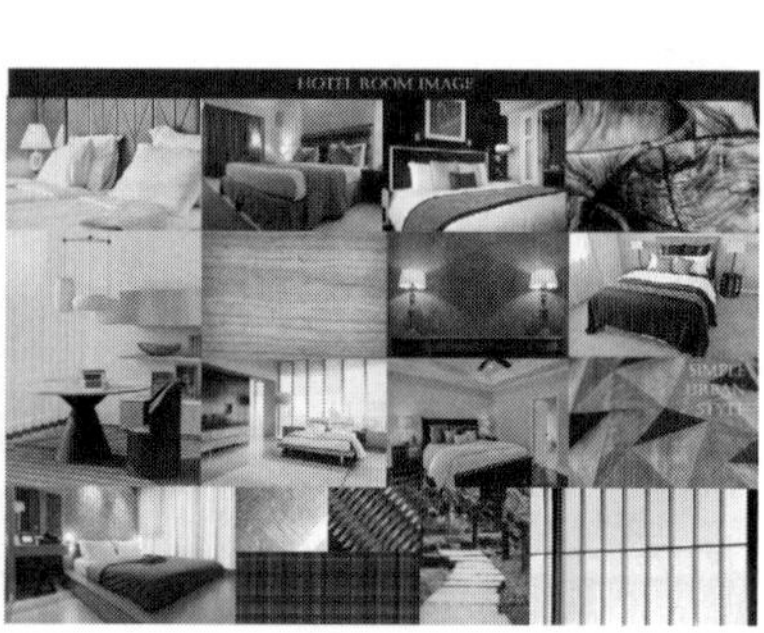

の食材を世界のＶＩＰが納得する方法でプレゼンテーションできればなおいい。ただし、地元の食材を使うことが目的化してしまってはダメで、おいしい料理をつくるために必要だから使う、という必然性がなければなりません。

レストラン、バー、カフェ、パティスリー、スーベニアショップに名古屋や日本らしいオリジナルデザインのおもてなしグッズがあれば、アイデンティティもより明確に見えてくるでしょう。

実際にホテルとしてリノベーションさせるには、現代の基準に沿った耐震補強やバリアフリーの整備も当然必要となる。部屋の構成はツイン、ダブル、ＶＩＰルーム、そして今の名古屋に不足しているセミスイート、ラグジュアリースイートも完備したい。パブリックなスペースには国際会議の二次会やウエルカムパーティーにも対応するバンケット、さらには中小の宴会やビジネスのレンタルスペース等々の会議室としての設備も必要ですし、ブライダル関連施設としての教会や世界の多様な宗教に対応できるプレイルームなどの併設も考慮しなければならない。客室の数などは運営するホテル会社のオペレーションなどによって変わりますが、１５０室前後は確保できるでしょうか。三ツ星ホテルを誘致するという方法もありますが、仮に有名ブランドホテルが運営することになったとしても、地元からのプレゼンテーションは不可欠で、グローバリゼーションの中に埋没しない名古屋のアイデンティティを持ったホテルにしなければなりません。仮にその後４００室のキャパシティーが必要となれば、別館をつくって部屋数を確保する方法だってある。まずは現行の建物の中でで き得るホテルを基本ベースとして考えればよいのです。

歴史的建造物に宿泊できる圧倒的な価値観

長く愛されてきた歴史的建造物を保存してリノベーションする。このやり方は何より地域の人たちの共感を得られやすい。また、近年はかつての建築神話が崩壊し、古いものは壊して建て直してしまえという考え方ではなく、**できるだけ今ある価値あるものを活かしていこうという流れになっています。**事実、現行の方法でコピーして建てようとしても、当時の贅を尽くした建材を調達することも、匠の技術を再現することもほぼ不可能です。似て非なるものにしかならず、オリジナルが持つ雰囲気や価値観を蘇らせることはできません。フランク・ロイド・ライトが造った帝国ホテルは二度と造り得ないのです。そう考えた時に、可能な限り外装内装を補強しながら保全しつつ、必要な部分は最先端の技術を導入して、現行の建築基準に合わせていくリノベーションは有効ではないかと思います。

歴史を積み重ねてきた価値ある遺構の中で過ごし、泊まることができる。それだけで、単にホテルに宿泊するというだけではない価値観が生まれます。パリのベルサイユ宮殿に泊まることができたら、それ自体に価値がありますよね。昭和初期に造られた愛知県庁に泊まる。この価値観を名古屋のブランディングとして使わない手はないんじゃないでしょうか。

〝最強の地方都市・名古屋〟を実現するきっかけに

名古屋は歴史的な遺産である志段味古墳群や徳川家の美術、芸術、自動車や航空機産業などの工業関連の産業遺産、さらに新しい5Gやeスポーツなどの集積地としての先端産業が、すでに魅力としてある。つまり、**過去、現在、未来の魅力をそれぞれ備えている都市といえます。**交通インフラとしても日本の中心にあり、立地性も最強です。2030年過ぎにはリニアが開通し、これまで〝名古屋飛ばし〟されていたこのエリアは東京からわずか40分、その10～20年後には京都・大阪へも30分以内。まさしく日本の中心としてあらゆる情報や産業を発信していくことになる。これまで以上に、名古屋に人・モノ・金・情報が集積することになるでしょう。

しかし、現在ではその情報発信や文化・芸術の集積を広く見せることができる場が少ない。特に世界基準を満たしたホテルがないことは最大の弱点です。各種施設の内容が現時点ではまだまだ乏しく、さらにこのエリアにとどまってもらい、宿泊や飲食をしてもらうブランディングが希薄です。インバウンドの人たちが魅力を感じられるカジュアルなものから、富裕層や世界をまたにかけて飛び回るビジネスエリートを満足させられるアッパーなアイテムもバリエーションも物足りません。

大切なのは尾張名古屋を世界の人たちに知ってもらう、次に一度来てもらう、そして一度泊まっていただく、さらにまた来てもらう。こうしてファンになっていただき、その人たちがさらに新しいお客を誘引してくれるようなそれぞれの仕組みが必要でしょう。最終的には**海外から赴任した人が「名古屋に住みたい」と思えるような街にしていきたい。**

そのきっかけになるのが三の丸地区の開発であり、県庁舎ホテル、市庁舎博物館の実現です。泊まるという本来の目的以上のプラスαとして娯楽や芸術にふれる場を提供できる。パブリックスペースにおけるおもてなしの空間や地域のアイデンティティにふれる機会を提供できる。最先端の交通システムやインフラ、デザイン、自然との融合、環境への配慮、サスティナビリティなライフスタイル提案を感じさせる開発により、また名古屋へ訪れたいと思ってもらえる。県庁舎ホテルはそれらを実現するパワーコンテンツになり得るのです。

この構想が実現すれば、グローバル化されたインフラを持った名古屋という街は、東京、京都、大阪に劣らず利便性が高く、地域のアイデンティティもしっかりと持った最強の地方都市になるのです。

神谷利徳さん

（建築デザイナー）

神谷デザイン事務所代表。バーテンダー出身の異色の建築デザイナーとして、90年代以降数々の繁盛飲食店を生み出し、稀代のヒットメーカーとなる。飲食店や商業施設の設計デザインから店舗経営コンサルティングまでトータルサポートし、環境にも配慮したデザインに取り組む。商品開発、イベントプロデュース、地域再生事業アドバイザーなど、建築の枠にとどまらない活動を展開する。

名古屋発・世界初＆世界一のコンテンツこそが圧倒的求心力を生む

岡村徹也さん
（名古屋ウィメンズマラソンレースディレクター）

世界初の女性だけのフルマラソン大会として２０１２年に始まった「名古屋ウィメンズマラソン」。２万人以上もの女性ランナーが名古屋の街を駆け抜けるこのレースは、世界最高峰の競技会であり、かつビギナーに最も優しいイベントでもある。さらにコロナ禍で市民ランナーの出走が中止を余儀なくされた２０２０年大会ではオンラインマラソンを開催。ポストコロナ時代のスポーツイベントの可能性をも世界に先駆けて示してみせた。なぜ名古屋ウィメンズマラソンは世界をリードするスポーツイベントになり得たのか？　そこから見出せる、名古屋が世界に伍するために必要なものとは？　大会の仕掛け人である岡村徹也さんにその秘密と秘訣を尋ねた。

世界中の女性が「名古屋で走りたい！」と憧れる唯一無二のマラソン大会

名古屋ウィメンズマラソンは2万人を超える女性ランナーが名古屋の街を駆け抜ける。今や世界の"走る女性たち"が憧れるハレの舞台だ

＊写真はすべて名古屋ウィメンズマラソン事務局提供
©名古屋ウィメンズマラソン

「世界最大の女性だけのフルマラソン大会を開こう！」

このアイデアがひらめいたのは2006年のことでした。

中日新聞の事業局に所属し、スポーツ事業部に配属されたのはその1年前のこと。名古屋国際女子マラソンがその約20年前から開かれていましたが、女性の市民ランナーがエントリーできるフルマラソン大会は、東海地方では岐阜のいびがわマラソンしかなかった。そもそもほんの50年前までは女性がマラソン大会に参加すること自体が難しく、その後も長い間、日本の一般女性がフルマラソンを走りたいと思っても、参加できるメジャーな大会はホノルルマラソンくらいしかありませんでした。

一方で、東京マラソンが日本初の都市型の大マラソン大会として開催されることが発表されていた（第1回は2007年開催）。市民マラソンはエリートランナーのレースと比べて時間がかかるため、公道の使用許可を得るのが難しかったのですが、東京マラソンが風穴を空けてくれた。しかし、では名古屋も……と考えた場合、東京と同じことをやっても存在感を示すことはできない。そこで、**他に例のない魅力や話題性、インパクトを徹底的に追及した、女性だけの大マラソンをやろう、と考えたのです。**

とはいえ、その当時、名古屋に特に女性ランナーが多かったかというと決してそんなことはありませんでした。それどころか中部9県を合わせても女性のマラソンランナーは4500人程度といわれていたんです。

そこで、ごく少数の既存のランナーをターゲットとするのではなく、幅広い女性に興味を持ってもらおうと、走ることがファッションになるような大会づくりを目指しました。健康や美しさ、ファッション、子育て、学びなど、女性が関心のある要素をランニングを通して眺めていく。その結びつきから新しいライフスタイルを提案する。そんな大会にしようと考えたのです。ちょうど女性雑誌が「美ジョガー」（美女＋ジョグ）という言葉を生み出し、〝日本の女性は走ることが好き〟〝走る女性は美しい〟という価値観が広まりつつあったことも、このコンセプトとマッチしました。

こうして開催した2012年の第1回大会には1万5000人超がエントリー。以後参加者は年々増え続け、今では2万人を突破しています。申し込み数は毎回定員を上回り、抽選倍率は例年3倍前後となっています。

名古屋ウィメンズマラソンがきっかけで女性ランナーは飛躍的に増えました。国内フルマラソンの女性完走者の数は、それ以前は3万人程度だったところ名古屋ウィメンズマラソンが始まった2011年度（第1回大会開催の2012年3月含む）には5万人以上に急上昇。現在は8万人を突破する勢いです。

参加者の傾向として特徴的なのは、地元に限らず全国、さらには全世界からランナーが集まっていることです。愛知県の参加者は33〜34%、関東27%、近畿17%。関東からの参加者5000人超というのは東京マラソンを走る全女性の数と比べても驚きの数字です。加えて海外からの参加者も30カ国以上・およそ3500人。ギネスブックからも**〝世界初企画〟「世界最大の女性だけの大マラソン大会」として認定され、自ら6度記録を更新し続けている。**世界中の女性が「名古屋で走りたい！」と憧れるワン&オンリーのマラソン大会となっているんです。

演出、医療、環境、おもてなし。あらゆる点で他のレースを圧倒

なぜ名古屋ウィメンズマラソンはこれほどまでに女性の心をつかんでいるのか？　それは徹底して、女性の気持ちに寄り添って運営しているからです。

一番の特色は女性が輝ける演出。完走者に「おもてなしタキシード隊」の男性からオリジナルのティファニーのペンダントが手渡されるのはその象徴となっています。ナゴヤドームでは有名アーティストが国歌独唱するスタートセレモニーもある。大会開催期間の3日間はナゴヤドームでマラソンＥＸＰＯを同時開催し、スポーツ、健康、美容、グルメなど多彩なブースやプログラムで盛り上げます。レースの前後は家族や友人と一緒に楽しむことができ、ランナー1人1人の人生のハイライトとして、美しく輝ける演出をあらゆる点で追及しています。

女性に優しい環境づくりも、世界中のマラソン大会の中でも群を抜いています。今でこそ女性が参加できるマラソン大会は各地で増えてきましたが、トイレも更衣室も満足に用意されていない大会はまだまだ珍しくありません。その点、名古屋ウィメンズマラソンは**コース全体で900を超える仮設トイレを設置し、しかもそのすべてを清潔に整えています。**更衣室はナゴヤドームのコンコースを利用することで、大規模なスペースを確保しています。

医療体制も国内マラソン大会随一です。医療スタッフ１２００人、ＡＥＤ配置数は国内大会最多です。さらにハートサポートランナーというシステムもある。これは医師、看護師、ＡＥＤ講習受講者がエントリーできる仕組みで、１０００人分の枠を設けています。すなわち一緒に走っているランナーの20人に1人は緊急時の救命処置ができるということです。また7時間という制限時間も国内では最長クラス。通常5〜6時間で、制限時間が短いほど完走の難易度は高くなる。その点、名古屋ウィメンズマラソンは経験の浅いランナーでも完走しやすい。医療的なサポート、大会の運営方法を含めて、フ

（上）ティファニーのペンダントが完走記念として贈られるのもウィメンズ名物のひとつ。プレゼンテーターの「おもてなしタキシード隊」のメンバー50人は事前の人気投票で選ばれたイケメンたち
（下）ナゴヤドームではマラソンEXPOを同時開催。スポーツ、美容、旅行の展示ブースやご当地グルメの屋台などが多数並び、大会を盛り上げる

ルマラソン初挑戦というビギナーでも安心して参加できるのです。

そして、**名古屋の人たちのホスピタリティあふれるおもてなしも、参加者を魅了する要素のひとつです。**大会にかかわるボランティアは９０００人以上。沿道観衆は40万人を超えます。コース上に設けられた18カ所の応援スポットではスティックバルーンやメッセージボードを使ってランナーに声援を送り、吹奏楽や和太鼓、チアリーディングなどのパフォーマンスでレースを盛り上げます。街を上げての温かいおもてなしに感激し、「また名古屋で走りたい！」と思ってくれる参加者も多いんです。

トップランナーが競う
世界最高峰の格付けレース

市民ランナーに優しい大会であると同時に、世界最高峰の女子マラソン大会であることも、名古屋ウィメンズマラソンの価値を高めています。前身の名古屋国際女子マラソンは高橋尚子、野口みずきらをオリンピックへ送り出している名門大会です。名古屋ウィメンズマラソンと名称をあらためてからも、毎回のようにオリンピックや世界陸上の代表を決める重要な大会となっており、**第２回大会から世界陸連が認定するロードレースの格付け、ゴールドラベルのレースに認定されています。**２０２０年にはそこからさらに10数大会をピックアップする**プラチナラベルが新設され、ここでも名古屋ウィメン**

ズマラソンはロードレース最高峰のラベル認定を受けています。

マラソンというのは非常にフェアな競技で、オリンピックを狙うエリートランナーも市民ランナーも、同じルールにのっとって同じコースを同じ時間帯に走ることができる。ゼッケン2万番台のランナーが、先頭を行くトップランナーを抜き去ってオリンピック出場権を獲得することだって、可能性としてはゼロではない。そんなことを夢見ながらトップアスリートと同じ舞台を走れることも、参加者のモチベーションとなっています。

世界初の大規模オンラインマラソンを開催
アフターコロナの
スポーツイベントに光明を示す

2020年大会は、コロナショックによって残念ながらエリートランナーだけの大会とし、一般ランナーの出走はあきらめざるを得ませんでした。しかし、その代替として「名古屋ウィメンズオンラインマラソン2020」を開催。**これほど大規模な大会をベースにしたオンラインマラソンは、世界初の試み**と言っていいでしょう。

ルールは、スマホアプリで走行距離を計測するなどして5月末までにおのおのが42・195kmを走るというもの。スタートセレモニーに出演予定だったアーティストの大黒摩季さんや「おもてなしタキシード隊」のメッセージ動画を配信するなど、リアルな大

2020年はコロナ禍でエリートランナーだけの大会に。一般ランナーのためには「名古屋ウィメンズオンラインマラソン2020」を開催。2万人超が参加する世界最大規模のオンラインマラソンイベントとなった

会に参加した時の気分をできるだけ味わえるような仕組みも数々取り入れました。初めてのことで多くの質問や要望が寄せられたのにもひとつひとつ丁寧に対応しながら、大会のメッセージ性やエッセンスを可能な限りオンラインマラソンでも伝えるように努力しました。その結果、エントリーしていたランナーのほとんどが参加し、完走者は2万1000人以上と前年大会を上回る完走者数となりました。

このオンラインマラソンはコロナ禍を受けて急きょ思いついたものではありません。2020年の開催日だった3月8日は国際女性デーと同じ日でした。そこで、世界中の女性に名古屋ウィメンズマラソンを同日に一緒に走ってもらう方法はないか、とかねてより考えていました。また、この年に限らず、国内の遠隔地や海外からの参加希望者が年々増えている中、名古屋に来ることができない人も一緒に走ることができる仕組みを何かつ

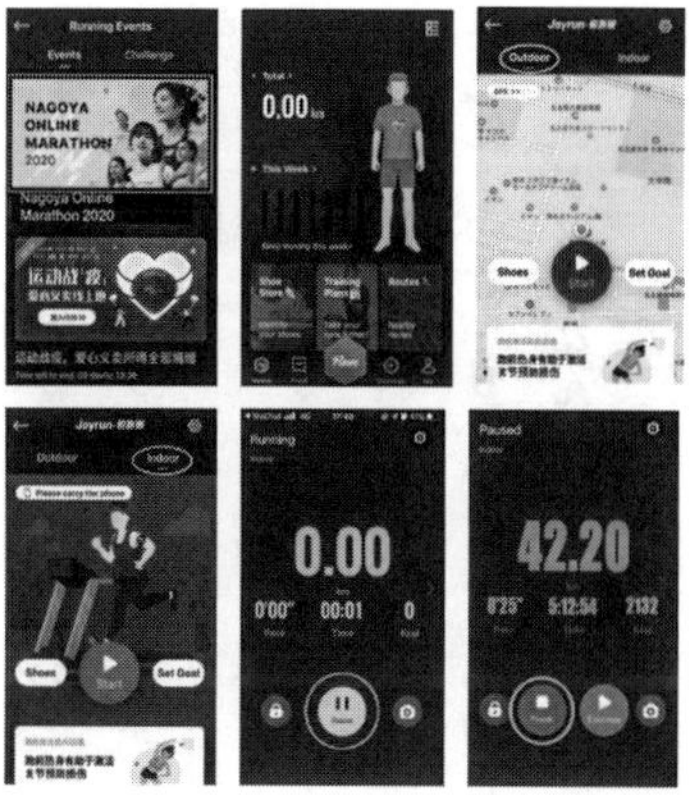

くれないか、そんなアイデアを温めていたんです。そのアイデアを元に、2月19日に大会の中止を決定した瞬間から一気に具体化に向けて動き始め、開発したのが「名古屋ウィメンズオンラインマラソン２０２０」だったのです。

　大規模なイベントほど不測の事態のリスクをともなう。それが今回のコロナ禍によってより鮮明になりました。しかし、だからこそオンラインの代替プランをオプションとして常に準備しておくことはこの先不可欠になる。ソーシャルディスタンスは必要ですが、人の気持ちまで離れてしまってはいけない。離れないでいるためにも走り続けなければならないし、走り続ける人たちをつなげていきたい。**そして今回、我々は世界に先駆けて、世界中の人たちを結ぶ方法を手に入れた。オンラインマラソンには大きな可能性がある、その道すじを示すことができた。**これはアフターコロナの時代を生き抜く私たちにとって、世界中の人たちにとって大きな希望になると考えています。

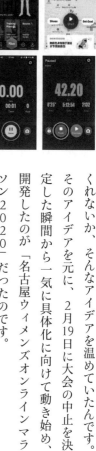

世界初・世界一の求心力こそが名古屋を活性化させる

名古屋ウィメンズマラソンは「世界最大の女性だけの大規模マラソン大会」として、今や唯一無二の存在感を誇り、世界中の女性に走ることを通じて様々なメッセージを発信し続けています。経済効果も回を重ねるごとに高まり、地域内だけで１００億円、地域外も含めると１６０億円の効果をもたらしています。宿泊需要も開催期間中は名古屋市内にとどまらず三重県や岐阜県にまで波及効果がある。名古屋の集客コンテンツでここまで影響力を持つものはなかなかありません。

なぜここまで圧倒的な求心力を獲得しているかというと、名古屋ウィメンズマラソンが「世界一」だからです。私たちが世界に先駆けて独自につくり上げたオンリーワンにしてナンバーワン、そこに最大の価値がある。今回新たに開発したオンラインマラソンも同様です。

名古屋には様々な魅力的なコンテンツがありますが、世界に影響を与えるには地域一番では物足りない。**名古屋発で、世界初、世界一のものを生み出さなければ、本当の活性化にはつながりません。二番煎じではない真のオリジナルこそが人を引きつける。「2位じゃダメ」なんです。**

名古屋には江戸時代中期、尾張徳川家七代藩主・宗春のような芸能を奨励して日本で最も元気で、世界的にもユニークな街をつくった殿様がいた。そうした歴史があるのですから、何かを生み出し発信していけることはできるはず。それをクリエーティブできる人材の育成と充実が、未来の名古屋の魅力向上のために求められるのではないでしょうか。

岡村徹也さん

（名古屋ウィメンズマラソン
レースディレクター）

1970年、名古屋市出身。名古屋ウィメンズマラソンレースディレクター、国際マラソン・ディスタンスレース協会理事。早稲田大学卒業後、中日新聞社に入社。ナゴヤドームのオープニングイベントをはじめ、コンサート、愛知万博のパビリオンなどの企画・運営に携わる。2005年11月からスポーツ事業部に配属。名古屋ウィメンズマラソン、高橋尚子杯ぎふ清流ハーフマラソンを企画。イベントプロデュース論などをテーマに大学講師も務める。自身もランナーとして100kmマラソンやトライアスロンに出場する。

どまつりが名古屋を飛び越え人類共有の世界文化に

水野孝一さん
（にっぽんど真ん中祭り文化財団専務理事）

1９９９年にスタートした「にっぽんど真ん中祭り」。この通称「どまつり」は「観客動員ゼロ」、すなわち集まったすべての人が祭りの参加者であるというテーマを掲げ、老若男女が熱く、楽しく踊る風景は名古屋の真夏の風物詩としても親しまれている。そして今や２００万人もの来場者を集める国内最大級の祭りであり、名古屋屈指の集客コンテンツとなっている。この祭りを立ち上げたのが、当時21歳の大学生だった水野孝一さん。「文化不毛」「新しいことを受け容れない」とかくいわれる名古屋において、水野さんはどんな思いで、どんな方法で、新しい祭りを全国屈指の祭典に育て上げ、そしてこの先どんな発展を見すえているのだろう？

札幌のYOSAKOIソーラン祭りに出会い「名古屋でも祭りをつくる！」と決意

名古屋の中心部・栄の久屋大通公園に設置されるメインステージ。写真は2019年の第21回大会の様子

どまつりの第1回は1999年。参加チーム26チーム、参加者数1500人で始まりました。それが21回目の2019年には206チーム・参加者2万人に膨れ上がった。**来場者数はのべ235万7000人と名古屋市の人口をも上回りました。**

どまつりのコンセプトは「全員参加＝観客ゼロ」。クライマックスの総踊りでは誰もがその場で踊れるので、235万7000人は観客ではなく参加者なのです。

今や日本最大級の祭りとなったどまつりですが、もともとは私と仲間たちが学生時代に立ち上げた祭りです。きっかけは大学2年だった1996年、札幌のYOSAKOIソーラン祭りのメンバーに誘われてその祭りに参加したことでした。それまでは〝人前で踊るなんてとんでもない〟と思っていたのですが、現地に行くと街中が人で埋め尽くされ、同世代の若者たちが生き生きとした表情で踊っている。**その景色に驚いたのと同時に、祭りを学生がつくっているという事実を知り、衝撃を受けました。**感激、感動というよりも嫉妬に近い感情でした。そこで、自分もこんな祭りをつくりたい！　つくってみせる！　という思いを抱いたのです。

「若者の発想・エネルギー」×「大人の具現化する力」

1999年夏の第1回の開催に先駆けて実行委員会を結成したのは半年前の2月。開催には2000万円の資金が必要でした。私たちはその大半を寄付でまかなうことにし、名古屋中の企業に飛び込み営業をかけました。しかし、当然といえば当然ですが、学生が「祭りをやりたいんです！」と言ってもほとんど話も聞いてもらえない。聞いてくれるのは100軒に1軒くらいでした。

観客も参加者になれる「総踊り」がどまつりの真骨頂。2010年には9481人が同時に躍ったことでギネスブックに世界記録として認定された。写真は同年の大津通会場の様子

5月の時点で集まったのはわずか30万円。目標の2000万円には遠く及びません。このピンチを脱するきっかけとなったのはある試算でした。当時、東海銀行系のシンクタンク、東海総合研究所（現・三菱ＵＦＪリサーチ＆コンサルティング）理事長だった水谷研治さんにお願いして**どまつりの経済効果を試算してもらったところ、41億3000万円という思ってもみなかった数字がはじき出された。**さらにこれを中日新聞が記事にしてくれ、営業先の企業の反

応がガラリと変わりました。これ以後、多くの企業が寄付に協力してくれ、最終的におよそ1400万円が集まり、何とか開催にこぎつけることができたのです。

どまつりはよく「若者がつくった」といわれるのですが、それだけでは決して実現できませんでした。「若者の発想・エネルギー」×「大人の具現化する力」。このふたつのかけ算がどまつり誕生の背景にはあったんです。

現在、どまつりは官民入り混じった「オール名古屋」ともいえる多くの人たちの支援を受けて開催・運営しています。開催委員会には東海3県の知事や名古屋市長などの自治体トップや行政関連の責任者も名を連ねています。しかし、**財政面では初回から公的資金ゼロの独立採算制をしいていて、名古屋市からも資金的援助は得ていません。**踊りたいチームが参加費を払い、共感してくれる企業などが協賛金や寄付金を拠出する。つまり、どまつりにかかわりたいという人がお金を出し合って祭りをつくっているのです。全国でもこういう祭りは非常に珍しいと思います。

街の自慢を祭りで表現。
地域活性化のツールに

参加する踊りのチームは、1年目（1999年）の26チームから2年目には54チーム、4年目（2002年）には100チームを、8年目（2006年）には200チームに

名古屋城など街のいたるところがどまつりの会場となる

達しました。以後、会場の規模の関係上毎年200チーム前後で推移しています。

踊りのルールは「地域の民謡を取り入れること」。それぞれが地元をPRすることがどまつりの目的のひとつだからです。今でこそ全国や海外からの参加も珍しくありませんが、中心となるのはやはり地元の東海3県です。我々も名古屋を中心とする地元の人に受け入れてもらい、楽しんでもらうことが大切だと考えてきました。そこで第4回の2002年の開催にあたってはキャラバン隊を組織し、東海3県256市町村(当時)すべてを回ってチームの派遣をお願いして回りました。

この時に賛同を得るためのコツをつかみました。それは「街で一番元気な人を紹介してもらう」ことです。どこの街でも必ず「ここには何もない」と言い出す人がいます。でも、日本中で何もない街などあるはずがない。**「この街が**

一番だ！」と胸を張って言ってくれる街で一番元気な人。その人の目を通して、その街の自慢を躍りで表現し、名古屋へ持ってきてもらいたいと考えたんです。どまつりの熱気は、全国から地元が大好きな人が地元の自慢を持って集まるから生まれているんです。

キャラバン隊による自治体行脚によって、どまつりにもうひとつの意義が生まれました。それは地域の活性化です。各地の人たちと会って回ると、行く先々で地域の抱える深刻な悩みを聞かされました。**少年犯罪、非行少年の居場所づくり、新興住宅地での人間関係の希薄化……。祭りのチームづくりはこうした問題の解決策としても効果が期待できるのです。**愛知県警の本部長の「非行少年の更生につながる」というコメントが新聞報道されたこともありました。当初は単なるダンスのイベントだと思われていたどまつりが、こうした効果や地域の取り組みによって、地域活性化の有効なツールにもなっていったんです。

「テレどまつり」は誰もが参加できる究極のスタイル

2020年は「テレどまつり」としてオンライン開催することになりました。国内の祭り集客数トップ30のうち、開催するのはどまつりだけで、他はすべて中止または延期だそうです。

テレどまつりは、演舞の動画を送ってもらい、当初からの開催日である8月28～30日の日程でYouTubeとニコニコ動画、2つのネット会場で配信します。審査もいつものように行い、〝名古屋にみんなで集まる〟という以外は、可能な限り通常のどまつりと変わらない形で開催します。（＊インタビューは2020年7月）

どまつりにはご当地自慢・地域対抗という要素もあり、参加チームは大道具小道具を使ったり音楽とダンスで自分たちの地元を表現、アピールしてきました。今回、動画での参加となったことで、**大阪なら大阪城、札幌ならクラーク博士像、インドならタージマハルなど地域の名所の前で踊って見せるなど、道具などに頼らなくても地元らしさを表現できるようになりました。**

同時に、名古屋まで行く旅費も時間もかからなくなったことで、誰でもどこからでも気軽に参加できるようになった。事実、テレどまつりには東海地方以外からの参加もこれまで以上に多く、海外の初参加となる国からのエントリーも目立ちます。**オンライン開催によって、これまで参加したくてもできなかった人たちにとっての物理的な制約が取り払われた。**誰もが参加できる祭りを目指してきたどまつりにとって、これは究極のスタイルとも言え、コロナ禍によって生まれた壮大な副産物かもしれません。そして、アフターコロナの新たな日常、新しい生活様式の中で、祭りをはじめ人が集まる催しのひとつのモデルになるのではないかとも期待しています。

1年1年年輪を重ねて
どまつりを世界の文化に

「名古屋で新しい祭りをやりたい！」。22年前にこう声を上げた時には「名古屋ではできない」「文化不毛の地だから無理」と多くの人から言われました。しかし、**そんな言葉のどれも私にはピンと来なかったし、むしろ名古屋だからこそできた、と思っています。**名古屋には新しいものを受け容れる、よいものはよいと判断できる気質がある。また、1人が認めると「あの人が支えているのだから大丈夫」と周りの人も認めてくれる信頼感を元にしたコミュニティが機能している。安易に受け入れてはくれない分、本気度が試されているともいえるし、いったん受け入れた物事に対してはしっかり支えていくだけの底力がある。**夢を叶えたい、挑戦したいという人が本気でブツかっていくには非常に適している街だと思っています。**

2030年のどまつり、そして名古屋は？　という質問には正直答えられません。どまつりを始めた時、名古屋の街を変えたいとか経済効果をもたらしたいとか、そんな大それた思いはまったくありませんでした。とにかくやってみたい、という熱意だけで始まり、そこに多くの励ましをいただくことで、その期待に応えたいという気持ちが芽生えてそれが原動力になった。それは今でも変わりありません。リオのカーニバルのような世界的なエンターテイメントをつくろうとか、名古屋経済の起爆剤になろうとか、そ

参加チームは地域の民謡を取り入れたオリジナルの踊りを披露し、地元をPRする役割も果たす

ういう社会的、経済的なビジョンを描いてやってきたわけではないんです。

1年1年、年輪を積み重ねていくとそれは文化になる。地域の人が期待してくれる祭りがあると街は豊かになる。その結果として街の魅力につながり経済の下支えとなるのなら喜ばしいことです。しかし、私たちにとってはそれが目的ではありません。もしもこの先、市民から必要とされなくなったら、どまつりはその時点で辞めます。しかし、求められている以上、1年1年全力でその期待に応えたい。そういう思いでこの先も取り組んでいきたい。そう考えています。

その一方で、私たちはまだ5年目だった2003年当時、「にっぽんど真ん中祭り 五十年構想」をまとめました。その理念は次の通りです。

1. にっぽんど真ん中祭りは、其々の地域文化に誇りの持てるコミュニティづくりを推進する。
2. にっぽんど真ん中祭りは、人類共有の世界文化を目指す。

3．にっぽんど真ん中祭りは、世界の地域文化が集い、誰もが創る全員参加型の祭りを目指す。

規模としては日本でもトップクラスとなったどまつりですが、まだほんの20数年です。京都の祇園祭、博多祇園山笠、青森ねぶた祭など、伝統ある祭りと比べたら、歴史は短く、知名度も圧倒的に足りません。それはつまり、どまつりがまだまだ文化にはなっていないということです。

五十年構想の理念が受け継がれ、どまつりが文化になれば、存在に疑問を持つ人はいなくなり、説明も不要になるでしょう。50年目は２０４８年。その時に、名古屋だけでなく、日本、さらには世界の文化になっているよう、これからもどまつりを1年1年成長させていきたい。２０３０年はそのための大切な過程となるはずです。

20年以上どまつりを続けてきて、毎年中心になって祭りをつくってきた学生実行委員がのべ数百人もいます。今、その彼ら彼女らが社会に出て活躍している。２０３０年にはさらに重要な役割を担っていることでしょう。その中から名古屋、愛知の未来を背負うような人物が出てくることも楽しみにしています。

水野孝一さん

（にっぽんど真ん中祭り文化財団専務理事）

1976年、岐阜県瑞浪市出身。幼少期を名古屋で、中高時代を岐阜県瑞浪市で過ごす。中京大学商学部に進学して再び名古屋に。同大在学中に札幌のYOSAKOIソーラン祭りと出会い、学生仲間とともににっぽんど真ん中祭り実行委員会を設立。初代実行委員長として、1999年に第1回にっぽんど真ん中祭りを開催する。以後、どまつりを全国屈指の規模の祭りに育て上げる。現在は公益財団法人にっぽんど真ん中祭り文化財団専務理事。どまつりの歴史については著作『人も街も動かす！巻き込み力』（KADOKAWA、2020年）に詳しい。趣味はテレビドラマ鑑賞、リーダーシップ研究。名古屋大学大学院経済学研究科修了。経済学修士。

ＳＡＭＵＲＡＩ ＣＩＴＹ ＮＡＧＯＹＡを世界に発信！

クリス・グレンさん
（ラジオＤＪ、タレント）

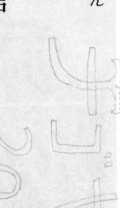

日本人よりも日本の歴史文化に詳しいオーストラリア人、クリス・グレンさん。特に戦国〜江戸時代のサムライ文化をこよなく愛し、全国で訪れた城はおよそ５００か所、名古屋城を訪れた回数は何と８００回以上！　ラジオＤＪ、タレントとして活躍する一方、インバウンド観光に関するコンサルティングや講演なども行っている。２０３０年に向けて名古屋の観光、情報発信が目指すべき方向をクリスさんがナビゲートする。

おじいちゃんの影響で日本に興味を抱く

名古屋城の前に立つクリスさん

僕が日本に興味を持つようになったのはおじいちゃんの影響です。小学校の先生だった祖父は、オーストラリアとまったく違う日本の文化に興味を持っていて、僕にもよく話して聞かせてくれました。今もオーストラリアでは日本に関心を持っている人は多いですよ。1960年代には『隠密剣士』という時代劇が放映されていて、その役者さんがオーストラリアへやってきた時は、ビートルズの時以上の熱狂ぶりだったそうです(笑)。

日本の歴史は約2000年。名古屋だって400年以上ある。それに比べ、オーストラリアの歴史は250

年ほど。自国の始まりより古くから存在する日本の歴史、文化、モノ、コト、技術こそ日本の魅力であり、興味が湧くポイントです。オーストラリアとは、言葉、食、歴史、伝統、建築などあらゆる点でまったく違うところにも興味を引かれます。

僕が考える名古屋の歴史的魅力は「戦国時代の中心」だったこと。その時代の武将や合戦のストーリーは魅力的です。そして、戦国時代の終わりに築城された名古屋城から江戸（尾張徳川）の歴史、文化が繁栄し、それがあったからこそ、現在の名古屋の街、食文化、モノづくりが生まれている。だから名古屋の歴史を知ることこそが名古屋の魅力を知ることだと考えています。

名古屋城のスゴさは天守だけじゃない！

お城めぐりが趣味で、これまでに全国５００か所くらいに行きました。**その中でも一番好きなのはもちろん、名古屋城です！　名古屋に来て25年以上の間に８００回以上行っています。**

名古屋城が好き、というとほとんどの人は「えッ？　コンクリートのお城なのに」と言って、中には〝ぷっ〟と噴き出す人もいます。これはとても残念。名古屋城の天守は、コンクリート製だけど、しっかり歴史考証されていて、外から見える姿はオリジナルとほぼ同じです。加藤清正が築いた天守台はほぼオリジナルのまま残っていて、「扇の勾配」と呼ばれる曲線も美しい。それに、**名古屋城とは決して天守だけを指すのではありません。**天守や御殿のある本丸、それを囲む二之丸、御深井丸、西之丸、そして市役所や県庁のある三の丸、外堀の内側すべてが名古屋城なんです。

明治の廃城令によって全国のたくさんのお城が取り壊されてしまいましたが、名古屋城は奇跡的に保存されることになりました。1930年には、名古屋城は城郭として国宝第1号となりました。姫路城は現在、国宝、世界遺産になっていますが、名古屋城はそれに勝るとも劣らない立派な城でした。天守は延床面積日本一で姫路城よりも数倍大きかったんです。**もしも戦争で焼け落ちていなければ、今ごろ世界遺産になっていたかもしれません。**

名古屋城は徳川の天下普請によって、加藤清正、福島正則、黒田長政ら有名なサムライたちが全国から集められて築城されました。全国の武将たちがつくったということは、彼らに城の内部を見せることになる。つまり城の手の内を明かしてしまうことになるのですが、家康はこれをあえてやっています。あらゆる防御を城内に巡らせ、それを見せることで「こんなスゴい城は絶対に攻め落とせない」と戦う前から攻め入ることをあきらめさせたんです。武力ではなく政治力や権力で武将たちを従わせる。家康の戦略、知恵が注ぎ込まれたとても強い城だったんですね。

……という解説をしながら案内すると、皆さん「なるほど」と名古屋城の価値に気づいてくれる。外国人観光客の方が関心が高くて、積極的に質問もしてくる。日本人、特に地元・名古屋の人ほど名古屋城のことをあまり知らない人が多くて、これはとてももったいないことだと思います。

天守の木造再建は〝ホンモノ〟にこだわって！

天守の木造化には大賛成！　木造再建するのであれば、法律上どうしてもできないこと以外は〝できる限り史実に忠実に〟というのが僕の考えです。日本の城の中には、時代考証をきちんとせずに本来の姿とは全く異なるものをつくってしまったところや、中には存在しなかった天守をつくってしまったところが数多く存在します。知らない人は、それがいかにも昔から存在していたかのように勘違いしてしまう。これは歴史を知るうえでも、地域を理解するうえでも、教育の面でも好ましくない。これからつくるのであれば、できる限り〝ホンモノ〟にこだわるべきです。

木造で再建しても、史実に忠実であっても、再建なのだから〝ニセモノ〟だという人もいますが、**徹底的に〝ホンモノ〟にこだわって再建すれば、それはいつか〝ホンモノ〟だと認められると思います。**４００年前と同じように、知恵と技術を結集し、日本最大の木造天守を再建すれば、それは市民の、そして国の誇りになるはずです。

江戸時代、日本には１７０ほどの城がありました。しかし、江戸時代、またはそれ以前に建設され、現代まで保存されている現存の天守は12しかありません。今、日本国内で見られる天守の多くは、コンクリートでつくり直したものです。これらはこの先、耐震性の問題もあって、コンクリートのまま耐震補強をするのか、木造で再建するのかの岐路に立たされます。木造再建するには、さまざま史料が必要ですから、やりたいからといってすべての城ができるわけではありません。幸い名古屋城にはどこよりも図面や写真などの資料が残っていますから、史実に忠実な理想的な木造再建ができる。これは、とてもラッキーなことです。名古屋がどこよりも早く正しく進められれば、**近い将来訪れる日本中の天守再建の時代に、その技術のリーダーになれる。**木造再建することは、文化的な価値を大きく高めることにもなります。日本中、世界中からこれを見たいという人がやって来る。観光客だけではなく、日本の建築や職人の技術を見たいという専門分野に興味がある人もやって来るでしょう。

バリアフリー、石垣の問題はこう解決する！

再建にあたってバリアフリーをどうするか、も大きな問題になっています。これは難しい問題です。史実に忠実にと考えれば、エレベーターはないほうがいい。でも、できる限り多くの人に見て欲しいという気持ちもあります。では、エレベーターなしの場合、体の不自由な方々にどうやって上まであがっていただくのか。幸い名古屋城の天守は広く、城の中では階段の傾斜が比較的ゆるやかですから、急な階段の城よりは解決策が見つけやすいかもしれません。世界から最新技術を募集するという方法もあります。木造新天守の実寸大の階段模型が設置されている体験施設「ステップなごや」を活用して、最新技術のバリアフリーを見つけ出すのも、名古屋城の重要な役割のひとつだと思います。

現在は、エレベーターを設置するかしないかで激しい対立が生まれていますが、僕も含めエレベーターはない方がいいと思っている人たちも、けっして自分たちだけが楽しめればいいとは考えていないと思うんです。たとえばパワードスーツなどを使って背負って登ることはできないか……？　僕は日々そんなことも考えています。

石垣をどうするか、の問題もずっと議論されています。石垣はもちろんすごく大切です。大天守を支える天守台は、１７５２年に石を積み直す大きな修繕が行われました。濃尾地震など大きな地震にも何度か見舞われて、内側の小さな石＝栗石がかなり崩れているため、次に大地震が来たら崩落する恐れもあるといわれています。工法については専門家の先生や業者の間で専門的な議論が交わされているので、僕としてはとにかく石垣の調査を適切に、そして早急に行い、木造復元の実現に向けて進んでいっていただきたいと思っています。

このような問題が解決されていないこともあって再建の許可が文化庁から下りておら

名古屋城再建にあたり石垣をどうするかが当面の課題

ず、現時点（2020年7月現在）で計画はストップしたまま。当初予定の2022年完成は難しいでしょう。既に木材は確保してあるので、適切に、そしてできるだけ早く許可を得て進めてもらいたい。スピード感をもちつつも、できるだけ多くの人が納得できる形でいいものをつくってほしい。2030年までには絶対に完成させてほしいですね。はじめにも言いましたが、城＝天守ではありません。**名古屋城を本来の姿に復元するには、天守だけではなく、多門櫓や東北隅櫓、門などもすべて含めてすべて復元してほしい。**かつて本丸の櫓と櫓を結ぶ石垣の上に多聞櫓があったんです。これを元通りに復元すれば、名古屋城が軍事要塞としていかに強かったかがひと目で分かるようになります。2018年に本丸御殿が完成し、これによって当時の建築技術の素晴らしさ、美術・工芸の美しさが見て分かるようになりました。その上に要塞としての強さが分かるようになれば、名古屋城の本当の価値がより伝わりやすくなるはずです。

有料ガイド、市民無料パス。歴史の魅力を伝え身近にする努力を

名古屋城の魅力をもっともっと発信していくためには、現場でそれを伝えるガイドの役割も重要です。知識とコミュニケーションスキルの高い有料ガイドを置いてはどうでしょうか？　特にコミュニケーションはとても大事です。僕も時々、城内のツアーなどガイドをする時があるんですが、その時は必ずお客さんに質問をするんです。そうすると自分で考える機会になるし、楽しいし理解も深まる。日本に旅行に来る外国人、特に時間とお金に余裕がある人なら価値があるものにはお金を払ってくれる。**むしろ有料の方が信頼できると考える人も多いでしょう。**

名古屋城や徳川美術館など、名古屋には尾張の歴史、伝統を今に伝える魅力的な施設がたくさんあります。これらをより活用するには、まずは地元の人がもっと気軽に足を運ぶようになることが一番の近道。**市民は入場無料にする、年間パスを配布する**……名古屋市民でも名古屋城に行ったことがない人、年間パスの存在を知らない人が多いんです……、市民限定の日をつくって特別ガイドツアーを開催し、より知識を深めてもらい、発信したくなるようなサポートをする。とにかく市民を優待して身近に感じてもらい、

自ら発信したくなるような環境をつくりたい。**今、世界の美術館、博物館では「展示作品の撮影ＯＫ」が標準です。**名古屋の施設も同様にするべき。また徳川美術館、蓬左文庫などの史料もオンラインで見られるといい。現代語や外国語に訳して提供するサービス、解説を受けられる講座や子供向けの講座があってもいい。〝歴史＝難しい、堅い、退屈〟といったイメージを払しょくするためにも、現在のニーズにマッチした取り組みをするべきです。

名古屋城の中や周辺だけにとどまらず、人々の関心を街全体に広げていくことで、街のブランディングも図りたい。名古屋城は名古屋という街そのもののルーツです。家康が築き、その周りに人が集まり、街ができた。**大須も、栄も、円頓寺も、有松も、すべては名古屋城のストーリーとつながっています。**それぞれのエリアやスポットを名古屋城のストーリーと結びつけて紹介することで、行きたい、見たい、体験したいというニーズはもっと高まり、それが名古屋という街のブランディングを高めていきます。

ＳＡＭＵＲＡＩ ＣＩＴＹ ＮＡＧＯＹＡの藤堂高虎に

「ＳＡＭＵＲＡＩ ＣＩＴＹ ＮＡＧＯＹＡ」として世界にその名を轟かせている。これが、僕が考える２０３０年の名古屋の理想の姿です。サムライを生み、その文化が息づいた街というブランディングによって街全体が整備され、世界に認知され、市民は誇りを持っている。木造の天守がそびえ、尾張の歴史文化をテーマとした博物館ができ、武将文化、モノづくり、食文化など、城を中心に生まれて発展したあらゆるものがSAMURAI CITYのストーリーの中で語られるようになっている。

そのブランディングを分かりやすく表現する方法として、サムライ博物館があるといいですね。徳川美術館はお殿様やお姫様が使った豪華なものを展示していますが、僕が提案する**サムライ博物館は足軽を含めた武士たちのリアルな生活や価値観をテーマとしたもの。**勉強や研究ができるサムライスタディセンターや道場などの施設も併設すれば、国内外の研究者や武道家たちが知識を共有したり、交流することもできます。市民や観光客も参加できるようにすれば、それ自体が魅力的な体験、アトラクションになります。今の名古屋には残念ながら、世界中の誰もが知っているというほどのネームバリューはありませんから、名古屋に行けばサムライのことがわかる、体験できる〝SAMURAI CITY〟として認知してもらうことが大切だと思います。

そんな10年後の名古屋の中で、僕の役割は武将でいえば藤堂高虎です(笑)。高虎は全国20以上の城をデザインし、家康、そして秀忠、家光のアドバイザーとしても活躍した。ちなみに高虎は188cmの僕よりも背が高かったんですよ(笑)。僕は「令和・名古屋の藤堂高虎」として、SAMURAI CITY NAGOYAをもっと魅力あるものにし、それを発信していきたいです！

クリス・グレンさん

（ラジオDJ、タレント）

1968年、オーストラリア・アデレード出身。16歳の時に交換留学生として初来日。1992年に再来日し、翌年から名古屋市在住。豪州在住時の18歳の時にラジオDJとしてデビューし、来日後は東京のFMラジオ局でデビューした後、1993年に名古屋で開局したZIP-FMのナビゲーターに。低音ボイスによる「ド～モ、ド～モド～モ!」のキャッチフレーズで一躍人気者となる。侍、城など日本文化への造詣が深く、インバウンド観光アドバイザーとしても活動する。趣味は戦国の歴史研究、城めぐり、甲冑武具の蒐集、古武道、ヘリコプターの操縦など。

全国、世界からファンが押し寄せるエンターテイメントシティNAGOYA！

谷口誠治さん
（芸能プロダクション・フォーチュンエンターテイメント代表取締役）

BOYS AND MEN、祭nine.。絶大なる人気を誇る名古屋発の男性アイドルグループの生みの親であるフォーチュンエンターテイメントの谷口誠治さん。芸能不毛とすらいわれた土地柄に逆に勝機を見出し、ローカルに拠点を置き続けながら世界に羽ばたく才能を輩出する慧眼と手腕は、2030年の名古屋のエンターテイメントシーンをどう予見するのか？

芸能ビジネス不毛の名古屋だからこそ〝やってやろう！〟

名古屋は第3の都市なのに何で地元タレントがいないんだろう？　何でこんなに芸能ビジネスが育っていないんだろう？　名古屋に対して最初に感じたのはこんな疑問でした。

イリュージョンの興行のプロモーションのために初めて降り立ったのは2009年のこと。私は初めての土地を訪れると、まずホテルで地元のテレビ番組を観るんです。どこの土地でも地元のタレントが出ているものなのですが、名古屋では東京や大阪のタレントばかりで、東京の番組との違いが全然ない。テレビ局を営業回りしても、担当者に会うのにもひと苦労で、会っても反応が薄い。聞けば、かつては大手プロダクションの名古屋事務所や劇場もあったがほとんど撤退してしまったという。タレントもテレビやCMに出ても食えな

BOYS AND MEN

いから、ある程度育ったらみんな東京へ出て行ってしまうともいう。名古屋は〝芸どころ〟というはずなのに？　という疑問に対しては、名古屋は〝習いどころ〟という答えが返ってきた。自分や子どもの習い事には熱心で、その発表会には行くのに、純粋に娯楽としての公演にはお金を出さないのだという。名古屋飛ばしという言葉もあるほどで、仮に飛ばさずに興行を打ってもお客が入らないというわけです。

聞けば聞くほど、名古屋でエンターテイメントを成功させるのは難しい、と思わざるを得なかった。でも、だからこそ逆に「だったら俺がやってやろう！」という気持ちがわいてきました。誰もやっていないということは、もしもそこで成功させれば一番になれる。ギャラが相場の1／10だとしたら10倍仕事をつかめばいいじゃないか、と。もしも先に進出している芸能プロがあったら、やろうとは思わなかったでしょう。

ボイメンのコンセプトは〝男版タカラヅカ〟

第一に考えたのは、名古屋にこだわったエンターテイメントをやろう、ということでした。名古屋を中心とした東海3県の若者を集めて育て、名古屋を中心に活動する。〝売れたら東京へ移ってしまう〟というこれまで地元の人たちが抱いていた不満を払しょくするために、たとえ売れてもあくまで活動の拠点は名古屋、と最初から決めていました。ヒントにしたのは宝塚（歌劇団）です。私は通っていた大学が宝塚にあり、ファンがわざわざ全国から来てスゴイなぁと思っていましたし、私自身も好きでよく観に行っていました。名古屋で興行して地元の人が来てくれないのなら、全国から名古屋に来てもらえるようにすればいい、名古屋に来ないと観られないエンターテイメントをつくればいいじゃないかと考えました。女性のミュージカルは既に宝塚があるので、だったら男版タカラヅカだ！　とひらめきました。

名古屋を拠点に活躍するボーイズグループを育てよう。そこでまず行ったのは、テレビ番組をつくることでした。認知度、信頼性を得るにはやはりテレビが一番。番組枠を買い取って、オーディション番組をつくることにしました（『ＩＫＥＭＥＮ☆ＮＡＧＯＹＡ』メ～テレ　２０１０年６～９月）。この番組と連動したプロジェクトから誕生したのがＢＯＹＳ ＡＮＤ ＭＥＮ＝ボイメンです。

人気は頭打ち。
最期の賭けは観客１万人の単独コンサート

こうして誕生したボイメンですが、当初は周囲から言われていた通り、名古屋の壁にブチ当たりました。最初の１～２年はミュージカル公演をやっても全然お客さんが入らない。グッズをつくっても売れない。お金を落と

テレビ塔の下でライブをする誠

祭nine.

してもらえないので、だったら無料で見せようとイベントに出たり、さらにテレビ塔の下で無料ライブを毎週やるようになりました。これでお客さんが徐々に付いてくれるようになったんですが、２０００～３０００人集まれば会場はパンパンで、それも頭打ちになっていきました。

結成当初は60人いたメンバーは次々と脱退して20人足らずになり、人気も伸び悩み。このままでは存続は厳しい。背水の陣でのぞんだ4年目に、とにかくテレビの露出を増やそうと局をかけずり回り、レギュラー番組14本を勝ち取りました。初めての冠番組『ボイメン☆騎士』（ボイメンナイト　中京テレビ　２０１４年４月～１５年４月）も始まり、この番組のテーマとして「１年後に日本ガイシホールで単独コンサート開催」を目標に掲げました。イベントで２００～３００人の動員しかないのにいきなり１万人の会場なんて無茶だ！　と周りからはさんざん反対されました。それでも強引に企画を通し、そして1年後には公約通りガイシホールを一杯にできた。この成功で人気が決定的になりました。

２０１６年1月にはオリコンチャート1位を獲得、同年の日本レコード大賞では新人賞を受賞。さらに２０１７年にはボイメンの弟分、祭ｎｉｎｅ．もメジャーデビューし、「第32回日本ゴールドディスク大賞ＢＥＳＴ5 ＮＥＷ ＡＲＴＩＳＴＳ」を受賞。２０１９年にはボイメンはナゴヤドーム、祭ｎｉｎｅ．は日本武道館での公演を成功させました。それぞれ全国区の番組にも当たり前のように出演するようになり、当初思い描いていた通り、名古屋に居ながらにして全国で活躍するエンターテイメントグループというポジションを獲得することができました。

5Gやリモートを駆使した名古屋モデルの確立を

ボイメンが成功したことで、今では東京の芸能事務所もこぞって名古屋にプロモーションのために来るようになりました。ワタナベエンターテインメントのＭＡＧ！Ｃ☆ＰＲＩＮＣＥのように東海地方発の男性グループが他にも出てきた。ちゃんとお金と時間、そしてもちろん情熱をかけて取り組めば、名古屋からエンターテイメントを羽ばたかせることもできることを証明できたことはうれしく思っています。

でも、ちょっと寂しいな、と思うのは、名古屋から後に続くような動きがあまり見られないこと。エンターテイメントは東京にいかなければできない、と思い込んでいる人がいまだに多いように感じます。いろんなプロダクションが切磋琢磨して、この地方の才能を世に出していこうと発信していくことで、名古屋のエンターテイメントの層が分厚くなり、全国から名古屋を目指して観に来てくれる人も増えるはず。そのためにはもっともっと発信していく力が必要です。

地域の芸能を育てるには官民一体となった動きも必要です。大阪では大阪城公園に2019年、「クールジャパンパーク大阪」がオープンしました。この劇場型文化集客施設は300人・700人・1000人収容とスケールの異なる3つのホールから成る。アーティストが育っていくためには段階的にステップアップして力をつけていくという過程が必ず必要です。残念ながら名古屋では近年、中規模の劇場が次々と閉鎖してしまい、受け皿が決定的に不足してしまっています。キャパシティーの異なる劇場がいくつもできれば、タレントやアーティストもより成長、飛躍しやすくなるはずです。

新型コロナウイルスショックで、エンターテイメント業界はかつてないダメージを被ってしまいました。今後もいつ同様の危機が降りかかってくるかもしれず、そうなるとますます東京一極集中から脱却したやり方が必要となります。5Gを活用すればやれることはグッと広がる。ドラマなどでも、リモートだからこそできる表現もあるはずです。我々はどんな状況下にあってもエンターテイメントをファンに向けて届けないことには生きていけませんから、いろいろとチャレンジして新しいスタイルを見つけたい。その方法をいち早く名古屋が確立できれば、名古屋モデルがエンターテイメント業界の先駆的手法となる。そうすれば10年後の名古屋の価値はもっと高まっていくに違いありません。

2030年に向け　さらなる名古屋発タレントの輩出を

発信するための場は私たちも独自につくっています。2018年に栄に約300人収容のBMシアター、約100人規模のNDP STUDIOをオープン。さらに感染症対策にも配慮したスタジオを事務所ビル内につくって、Web配信専用サービスにも着手しています。今後はミュージカルや演劇にも対応できるような劇場もつくりたいと考えています。

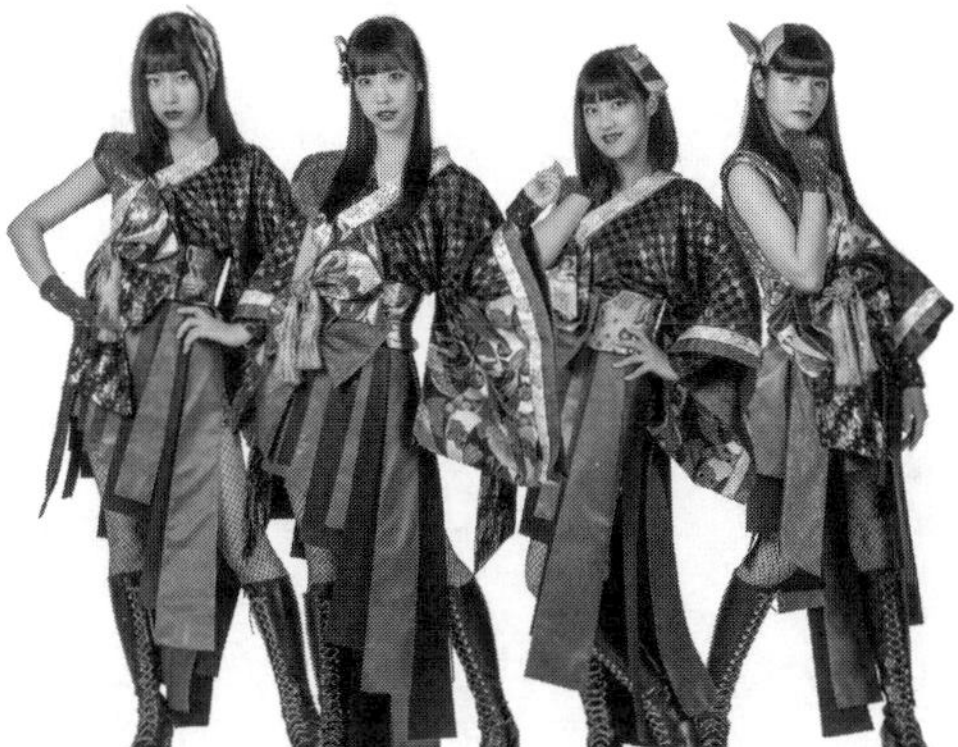

小野小町

新しいグループでは、女性4人組の小野小町が昨秋デビューしました。日舞、太鼓、殺陣といった日本の伝統芸能とイリュージョンを組み合わせたパフォーマンスユニットです。あまり知られていませんが、〝世界三大美女〟の1人である小野小町は、愛知県あま市で亡くなったといわれているんです。彼女たちを愛知発のエンターテイメント集団としてこの地域の文化とともに発信し、海外、特にヨーロッパへ売り込んでいく計画です。

これからの10年に向けて、ボイメンや祭nine.はもっともっと全国に活躍の場を広げていきたい。グループだけでなくメンバー1人1人がタレントとして確固たるポジションを獲得できるほどに成長していってもらいたい。メンバーのコアなファンはやはり年を重ねるのに合わせて年齢が上がっていくものですから、若い世代の心をつかむ次世代のグループも育てていきたいと思っています。BOYS AND MENエリア研究生も東京、関西、福岡などで展開していて、全国各地にボイメンの成功モデルを広げていく動きにも取り組んでいる。名古屋を筆頭に、地方をエンターテイメントで盛り上げるという気運を高めたいのです。

今後も全国区の名古屋タレントをどんどん輩出したい。自社タレントの冠番組制作、

BMK

名古屋レーベルの設立、常設劇場での定期公演開催……。やりたいことはまだまだいくらでもあります。目指すは日本中、世界中から名古屋のタレントに会いにたくさんの人たちが押し寄せる、エンターテイメントシティＮＡＧＯＹＡです！

谷口誠治さん

（芸能プロダクション・フォーチュンエンターテイメント代表取締役）

1959年、大阪府吹田市生まれ。学生時代にローラースケートのプロとしてテレビやイベントに出演する一方、実業家としてローラースケートリンク3か所を経営。その後、吹田市役所職員を経て、芸能界に復帰し世界的なミュージカルに出演。1989年にイベント事務所、92年に芸能プロダクションを設立し、ミュージカルやショーの演出、プロデュース、タレントの育成、マネージメントを手がける。2009年に名古屋に進出し、BOYS AND MENや祭nine.ら男性アイドルグループを育てる。

町歩きや食やモノづくり体験を通して「名古屋好き」を地元から増やしていく

加藤幹泰さん
（大ナゴヤツアーズ　代表）

名古屋を中心とした東海地方の町の魅力をツアー形式で紹介している大ナゴヤツアーズ。町歩き、工場見学、モノづくり体験など、その道に詳しい愛好者や現場一筋の職人などがガイド役を務め、身近にありながら見過ごされてきた町の個性や面白さを掘り起こしている。観光都市としてのブランディングが弱いと言われ続けてきた名古屋において、年間３００プログラムを開催し、３０００人を集客。〃何もない……はずがない〃名古屋の、新しい旅の形がここにある。

アメリカと大阪で感じた〝名古屋を語れない自分ってカッコ悪い……!?〟

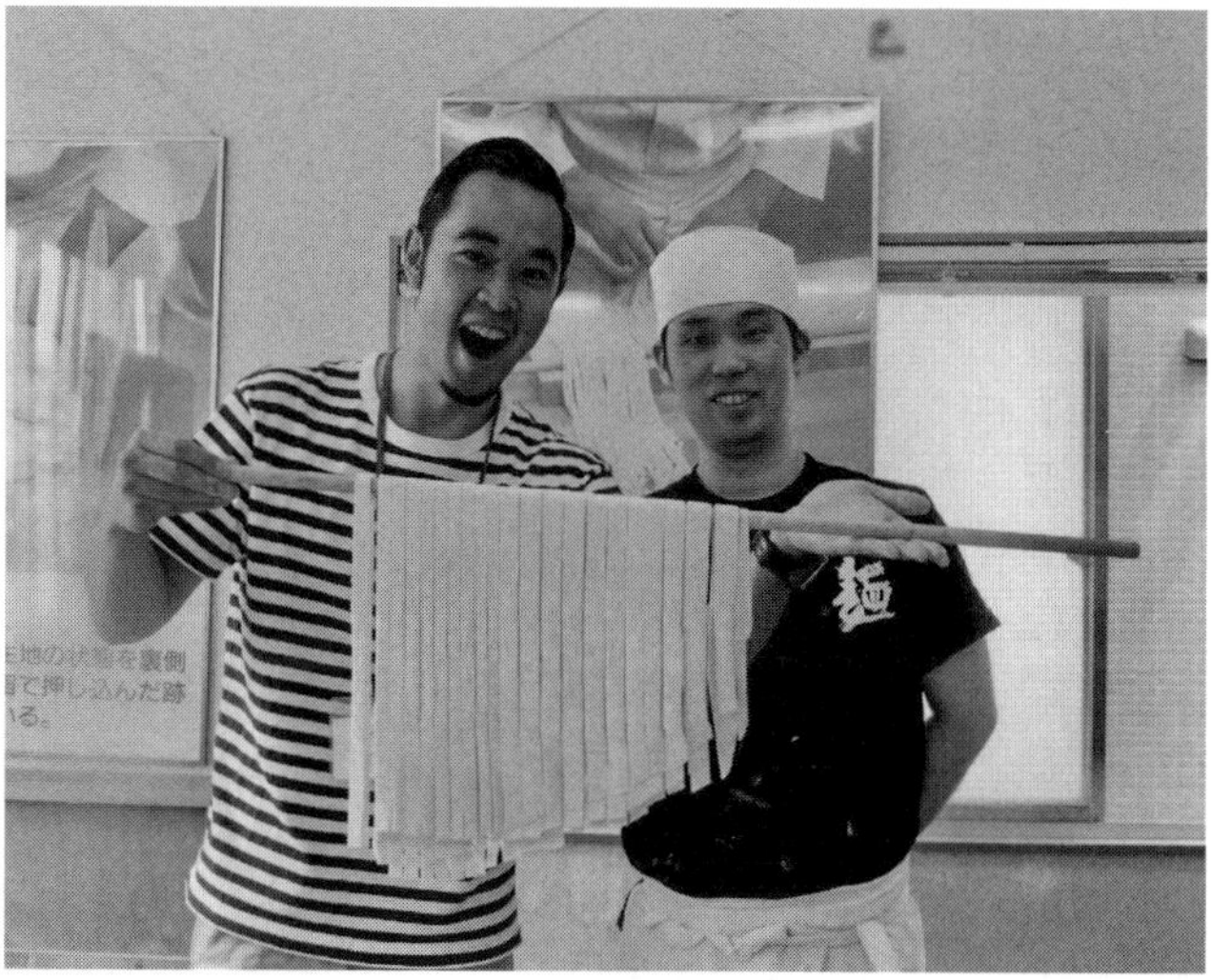

現役のうどん職人らが手ほどきしてくれる手打ちきしめん道場。この他にも、酒、味噌、味醂、和菓子、ジビエ、パン、コーヒー、地ビール、インドカレーなど食がテーマのプログラムは一番の人気ジャンル

名古屋生まれ、名古屋育ちですが、20代前半までは〝名古屋嫌い〟派でした。嫌い、というよりは〝知らない〟。大いなる田舎、何でもあるけど何にもない。フツー……でもダサい寄り。

「あれ？　そんなふうに思っている自分の方がカッコ悪いんじゃ……？」。そう気づかされたのは留学先のアメリカでのことでした。いろんな国から学生が集まっていて、普段の会話の中で、家族のことや食べ物のことと同じように自分の国のことを尋ねられる。そういう時に自分は「名古屋城というお城があって」「場所は東京と大阪の間で」「近くにトヨタがあって」など、表面的なことしか頭に浮かんでこない。対して外国人の友だちは「僕の生まれた町は田園風景が広がっていてすごくきれいなんだよ！」とか、何でもないようなことなのに自分の体験や思いと合わせて熱く語るんです。海外へ行ったことで自分が日本人であることをあらためて実感する一方で、日本人、名古屋人としての自覚や愛着が弱いことに気がつきました。

帰国後に営業の仕事に就いて、大阪に赴任したんですが、ここでも同じような体験をしました。大阪の人ってみんな大阪大好きでそれを堂々と語るじゃないですか。それでやっぱり**名古屋のことを知らない、語れない自分はカッコ悪い**という思いが強くなりました。

大ナゴヤ大学に参加し1年足らずで学長に抜擢

そんな風に感じていたサラリーマン時代の最後の1年の時に、東日本大震災3・11を経験しました。そこでコミュニティが軸になって地域の課題を解決していくソーシャルビジネスが注目を集めるようになり、僕自身も興味を持ちました。**名古屋のことを自分事として考えて、楽しみながらビジネスによって改善させて、名古屋コミュニティを強**

く、**面白くしたい。**そんな風に考えるようになりました。

会社を辞めて名古屋に戻ってきた時に、何か地域にかかわれることがないかと思い、そこで出会ったのが大ナゴヤ大学です。大学といっても学校法人ではなく、誰でも参加できる公開講座などを実施しているNPO法人です。〝名古屋を面白がりながら学ぶ〟、その運営スタッフになって授業のコーディネートなどを担当したことで、自分の地元である名古屋や東海圏の奥深さや面白さを実感できるようになった。文化や歴史、産業、自然などの学びから多くのポテンシャルを感じ、これを豊かな暮らしにつなげられると信じられるようになりました。

大ナゴヤ大学では参加して1年足らずで学長に抜擢され、4年間その任を務めました。その間、名古屋市が主催しているやっとかめ文化祭（毎年秋に開催される、ストリートでの歌舞伎や狂言、お座敷芸や伝統文化の体験などをプログラムとする〝大人の文化祭〟）で町歩きのサブディレクターを経験し、これを民間の事業としてもできないかと考えました。岐阜市の「長良川おんぱく」、京都の「まいまい京都」など先行する事例もあったので、それらも参考にしたり主催者にアドバイスを受けたりして、大ナゴヤツアーズを設立することになりました。大ナゴヤ大学とは切り離して別事業にしたのは、大ナゴヤ大学は〝みんなで学ぶための場〟という意識がメンバーにも参加者にも強く、収益事業の色を出すと本来のよさが薄れてしまう。〝名古屋をもっと知ろう、もっと面白がろう〟という方向性は同じですが、それでちゃんと利益を出して僕らもこれで食べていくんだ、ということを明確にするために、独立させることにしました。

大ナゴヤツアーズ設立。集客の原動力はガイドの熱量

2017年4月に大ナゴヤツアーズがスタート。春期30プログラムで始めました。記念すべき第1回は熱田神宮の境内ツアー。定員いっぱいの20人が参加してくれました。他のツアーも平均して定員の6割ほどの集客があり、手ごたえを感じられるスタートとなりました。ちょうどNHK『ブラタモリ』の人気で町歩きの注目度が高まっていたこと、モノ消費からコト消費へニーズが移っていたこともあって、「東海地方でもこんなのがあったらいいのに」と思っていた人たちが動いてくれたのだと思います。

設立以降、ツアー、参加者とも順調に増え、**3年目の2019年は約300ツアーに3000人が参加。**プログラムは町歩き、モノづくり、食べ物やお酒などの食関係、工場見学などの産業観光など。お客さんは地元の人が中心ですが、県外の方も少しずつ増え、全体の5〜10％まで増えています。

大ナゴヤツアーズの最大の魅力はガイドさんです。その分野のプロであり、誰よりも愛情を持っている個性的な人が案内してくれる。人前でしゃべったりする経験がなくても、好きなものに対する熱量があるとツアー化でき、参加者にも魅力が伝わります。

ツアーを企画する際には、面白そうな人や施設の情報をキャッチしたら、まず現場を見に行って会って話をする。普段は見学を受け入れていない工場などの施設でも、そこは営業マン時代に培ったノウハウを活かして、「とりあえずごあいさつでも」と会いに行き、会えちゃえば大体「面白そうだね」と話に乗ってくれるケースが多い。まずは自分がお客さん目線で、お金を払ってでも体験したいと思ったものをプログラム化しているので、その時点でクオリティの担保はある程度できているし、全部が全部、面白い！と自信を持っていえるものをラインナップしています。

テーマ性が強いツアーにはマニアが県外からも集まる

人気プログラムのひとつが多治見のマグカップ工場。見学なんてやったことがなかった工場なんですが、飛び込みで訪ねたところ、当時は専務だった現社長が会ってくれて、ツアーを受け容れてくれることになりました。ここでは、**自分たちにとっては当たり前である現場と製品をいかにエンタメ化させて紹介するかいろいろと工夫してくれている。**白磁の器はなぜ白いかというと不純物がないからで、それが固くて丈夫な理由にもなっている。それを分かりやすく伝えるために、カップで釘を打って見せるんです。こういうパフォーマンスのアイデアが出てくるのも、美濃焼のすばらしさを伝えたいという熱量があるからです。

妖怪ツアーも毎期開催し、ファンがついている人気プログラムです。町歩きは一般的に歴史がテーマになるものですが、このツアーは妖怪を通して町を見る。堀川も普通なら名古屋城築城の資材の物流のために福島正則が開削して……と解説するところ、カッパがいる川でそれに由来した痔を治す神社がある、というお話になる。**同じものを見ているはずなのに面白がり方がガラッと変わるんです。**

ツアーには「地域」と「テーマ」、２つの要素があるんですが、普通は「地域」に寄りがちなところ、僕はこのふたつを同等と考えています。**「地域」を強くすれば歴史など**

（上）なごや妖怪まち歩きツアーの河童編。写真は名古屋市中川区の鹽竈（しおがま）神社内、無三殿（むさんど）社（かっぱの神様）。他に鬼編、天狗編、狐と狸編などもある
（下）日本一の陶磁器産地・岐阜県多治見市の丸朝製陶所のマグカップ専門工場見学。“あの有名店”のロゴなしカップのお土産付き

を交えて深掘りできるし、逆に「テーマ」を強くすればそのファンやマニアが県をまたいでも来てくれる。「妖怪」がテーマなら妖怪好きが遠くからも来てくれてリピーターにもなってくれるし、美濃焼の工場ではなく「マグカップの工場」とうたえば、コーヒー好きの人や暮らしの道具に興味のある人のアンテナに刺さる。「多治見は美濃焼の産地です」という訴え方では目を向けてくれない人が動いてくれるんです。

しかも、趣味の共通点がある人たちが集まると、初対面同士なのにすごい勢いでおしゃべりが始まるんですね。小学生がワーッとしゃべりだして止まらないことってあるじゃないですか。まさにあんな感じ(笑)。大の大人が、しかも知らない人同士が楽しそうにしゃべりまくる場面って、そうそうないと思います。

80歳のおじいさんを変えたホテルツアー「名古屋好き」になる参加者も多数

お客さんの反応といえば、ホテルの館内ツアーに参加してくれた80代のおじいさんが強く印象的に残っています。娘さんに無理やり連れられてきたようで、最初は「もう大体のことは経験してきて後は死ぬのを待つだけだわ」という感じでブスッとしていたんです。でも、1泊30万円のスイートルームに天皇陛下がご宿泊された時の警備の裏話や、名古屋城の天守閣が最もきれいに見えるよう作られた設計など、ガイドさんが貴重な話を披露してくれて、終わりがけにあらためて声をかけたら、**「世の中知らんことはまだまだいっぱいあって面白いなぁ」ととてもうれしそうに答えてくれた。**人生の大先輩がツアーをきっかけに好奇心や生きる活力を得てくれた。そう思うと本当にうれしかったです。

他にも、ジビエツアーに参加したのをきっかけに狩猟免許を取ったとか、家でも味噌を仕込むようになったとか、器をちゃんと選ぶようになったとか、**暮らしの中にツアーで体験した要素を取り込んでくれている参加者が多い。**いろんな〝好き〟が広がって、あらためて名古屋好きになってくれた人も多いと感じます。

まず地元の人が暮らしを享受し
その楽しさを旅行者も体験できる街に

「東海エリア×ツーリズム」の考えからすると、ガイドブックの出版、オリジナルの名古屋みやげづくり、街の情報発信をする案内所、県外&アジアと東海エリアの入口となるネットワークづくりなど、これからやりたいことはまだまだいっぱいあります。ガイドブックは年2回発行予定の『LOVERS' NAGOYA』という町歩き本を2020年春に創刊、名古屋みやげもやっとかめ文化祭ではコーヒーやきしめんを商品化するなど、既にいくつか具体化もしています。

Ｊリーグ・名古屋グランパスの応援ツアー。一般では入れないスタジアムの裏側見学、初心者でも楽しめる応援の仕方のレクチャーも。サッカーの他にプロバスケットボールの応援ツアーも人気

ツアーは年間６００プログラムを開催できれば1万人が名古屋、東海の面白さを体験することになる。**その1万人が「名古屋は面白い！」と10人に話してくれれば10万人に熱が伝わる。**この総数を上げていきたい。

アフターコロナの観光について、先日、星野リゾートの星野佳路社長がテレビでこう話していました。「インバウンドが戻って来るには相当時間がかかる。**遠くまで行かない1時間以内の近場を楽しむ観光＝マイクロツーリズムが重要になってくる」**。それはつまり地域の魅力とセットの観光で、まさに僕たちがこれまで取り組んできたものです。

観光は食べる・泊まるはもちろん交通や地域の産業など非常にすそ野が広い産業です。同時に旅行者の求める楽しみ方も多種多彩。それぞれのニーズに合わせて選択しやすいよう、情報を一元化できる編集に取り組んでいければと考えています。

10年後の２０３０年。名古屋の街の人口や経済規模はこの先大きく増えてはいきません。量よりも質の時代。１人１人がより自立して、思いやビジョンを仲間とともに軽やかにチャレンジできるようになれば、街はもっと面白くなる。経済も福祉も教育もすべて同じです。顔の見える関係や、オンラインやネットの強み、双方を活かして、強く優しい名古屋の街になっていく。そうすればずっと暮らしていきたい街になる。まず地元の人がその暮らしを享受して、ここに来て初めて体験できることをよそから来る人も楽しめる街にしていけばいいんじゃないでしょうか。

加藤幹泰さん

（大ナゴヤツアーズ 代表）

1984年、名古屋市生まれ。熱田高校卒業後、アメリカの短大に入学。帰国後、リクルートの代理店で求人営業を担当し、名古屋と大阪で計6年勤務。26歳で名古屋に戻り、NPO法人・大ナゴヤ大学の事務局スタッフに。1年足らずで学長に就任。4年間学長を務めた後、ポストを後進に譲り、2017年に大ナゴヤツアーズを設立する。

大ナゴヤツアーズ
http://dai-nagoyatours.jp/

地域に愛され成長する唯一無二のジブリが息づく公園に

岡村徹也さん
（ジブリパーク 運営本部長 兼 開業準備室長）

愛知で今、最も期待されている観光のトピックが「ジブリパーク」だろう。愛知万博会場として多くの人を集めた愛・地球博記念公園に２０２２年オープンが予定されている。『となりのトトロ』『もののけ姫』『千と千尋の神隠し』などの名作を次々と生み出し、アニメーション映画の世界で国内外から圧倒的な評価を受けるスタジオジブリ。そのジブリ作品をテーマにした公園施設がここ、愛知に誕生するのだ。そのインパクト、そして地元の期待はとてつもなく大きい。まだ全容がベールに包まれたジブリパークはどんな施設になるのか？　そして愛知と名古屋の観光にどのような効果をもたらすのだろうか？

愛知万博のレガシーとして持ち上がったジブリパーク構想

2005年に開催した愛知万博（2005年日本国際博覧会）は、「自然の叡智」をメインテーマに、人・いきもの・地球に対する「愛」を示した万博でした。その万博から10年となる2015年頃から、「愛知万博の理念を次世代へ継承し、未来に繋げていかなければならない」、その施策のひとつとして「愛・地球博記念公園の魅力と価値を高めるための取り組みが必要ではないか」といった話題が関係者の間で上がるようになりました。

そのような話のなかで、スタジオジブリの映画「となりのトトロ」に登場する**「サツキとメイの家」が万博の「レガシー」の一つとして、愛知万博の会場跡地である愛・地球博記念公園に残り、受け継がれていたことが注**

「もののけの里エリア」のデザイン画

サツキとメイの家

目されるようになりました。「サツキとメイの家」の、映画のままを再現し、昭和30年代の暮らしぶりもわかる懐かしい光景は、万博から時を経てもその魅力は色あせず、なお多くの人を引きつけていました。

「ジブリ作品に一貫して流れているのは、人・いきもの・地球に対する〝愛〟であり、愛知万博の理念と合致している。**ジブリ作品の世界をさらに広げていくことが、愛知万博の理念継承に繋がっていくのではないか」との愛知県側の思いもありました。**こうした思いが、愛知万博の理念の継承、愛知万博の「レガシー」として、『ジブリパーク』を愛・地球博記念公園に整備してはどうか、とのいわゆる「ジブリパーク構想」へと結びついていきました。

鈴木敏夫プロデューサーを口説いた知事の熱意

スタジオジブリと地元との関わりについては、名古屋出身であるジブリの鈴木敏夫プロデューサーを抜きに語ることはできません。鈴木プロデューサーが中日ドラゴンズの熱心なファンであることから、宮崎駿監督デザインによるドラゴンズ公式ファンクラブのマスコットキャラクター「ガブリ」が、球団創立70周年の２００６年に誕生しています。これは鈴木プロデューサーの全面的な協力により実現したものですが、こうしたご縁をきっかけにスタジオジブリとの縁を深めてきたことが少なからずジブリパークにも結びついているのではないかと思います。

２０１３年にラグーナ蒲郡（現ラグーナテンボス）で「ジブリがいっぱい　立体造型物展」を開催しました。２０１５年には「全国都市緑化あいちフェア」の一環として「ジブリの大博覧会」と「思い出のマーニー×種田陽平展」を愛・地球博記念公園で開催し、万博後10数年の間にいくつかのプロジェクトを通じてスタジオジブリとの関係を育んできました。

鈴木プロデューサーが、「ジブリパーク」の会見（２０１９年5月）に出席した際、愛知県、中日新聞社とジブリが連携・協力して整備・運営にあたることを発表したことについて**「世の中のことで例えるとこれは結婚かなという気がした。合意書は結納かな？」「今の心境はマリッジブルー。結納を交わして、いよいよ結婚となると逃げたくなる」**と冗談めかす一幕がありました。ここから、地元とジブリが着実にその関係を深めてきたことが結実した瞬間であったことを読み取ることができますが、一方でその先へのちょっとした不安な気持ちとそれまでの紆余曲折も感じ取ることができます。

「ジブリの大倉庫エリア」
の鳥瞰図

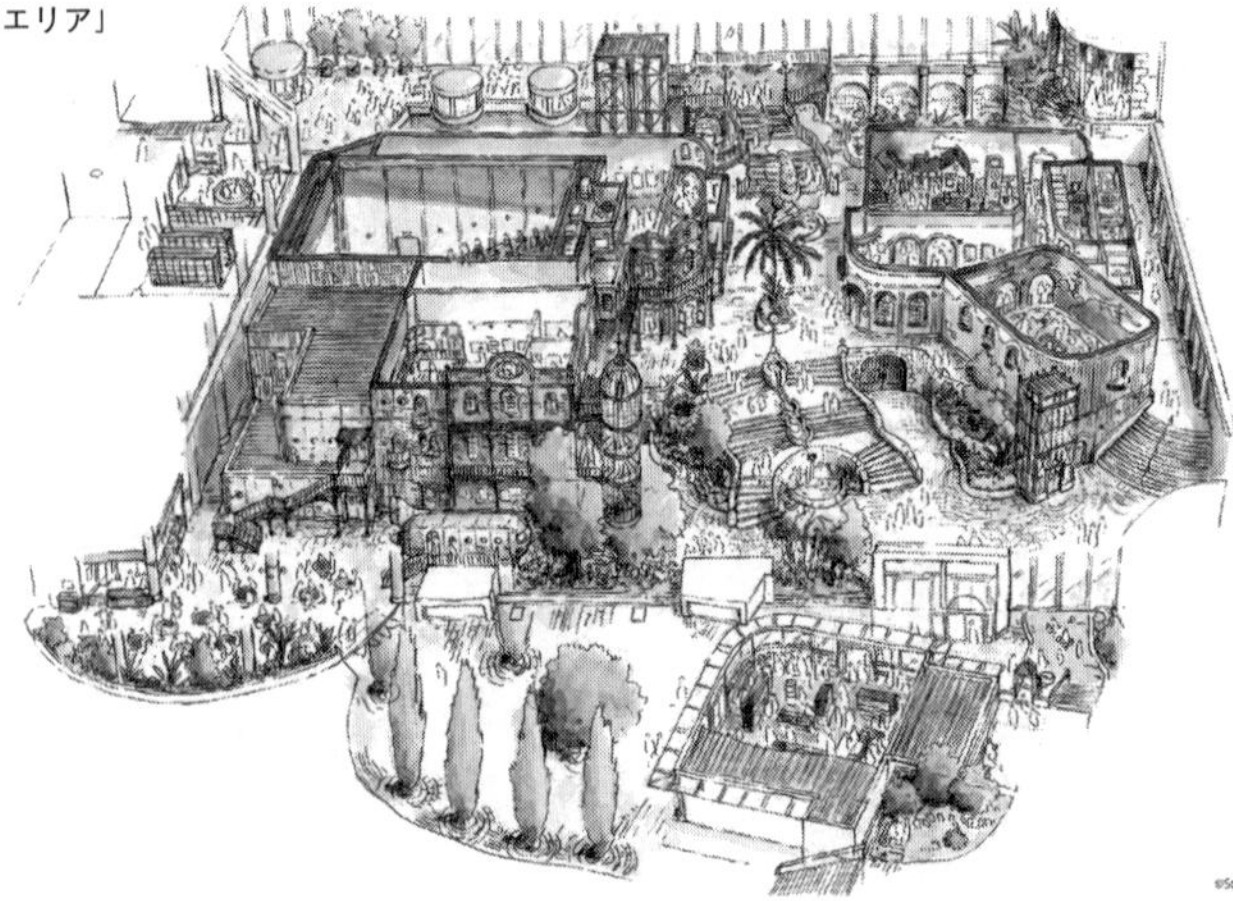
©Studio Ghibli

実際、ジブリパーク構想が浮上し、計画を明らかにするまでは、本当にいろんなことがありました。会見で、大村知事が明かしたジブリパークの基本方針、

①愛知万博の理念と成果の継承
②ジブリ作品を伝え残し唯一無二の価値を付与
③多様な利用者がともに楽しめる公園づくり
④歴史的成り立ちに配慮し将来にわたって愛され続ける公園づくり
⑤公園内の既存施設・活動との共存

これらはいずれも突き詰めていくと、どれも実現するのは簡単な話ではないことが理解できると思います。

これらは確かに知事の思いではありますが、ジブリ側の思いを汲んだものでもあります。ジブリパークへの参画を決めた鈴木プロデューサーは、会見で**「大村知事に口説**

かれたということ。東京へ来るたび何度も事務所に足を運んでいただいた大村知事の情熱のたまもの」と話しましたが、その背景には簡単な話ではない、むしろ他ではなかなか実現することが難しい部分が「ジブリパーク」にはたくさんあったのです。

しかし、大村知事はとても熱心でした。あきらめず常にポジティブにジブリパークの誘致を考えていました。時間はかかりましたが、あきらめず、ジブリと膝を交えてじっくり話し、ひとつひとつ問題をクリアしていきました。そうしてさまざまな紆余曲折を乗り越えて、ジブリパーク構想が表面化、本格化するわけですが、これは大村知事をはじめとする地元とスタジオジブリとの長年の信頼関係の賜物といっても過言ではないと思います。

日常と地続きのジブリが考える新しい公園

ジブリパークとは、どのような施設になるのか。実はここに、ジブリパークが愛知につくられることになったヒントがあります。鈴木プロデューサーは、先の会見で、「ディズニーランドに代表されるテーマパークでありながら、あくまでも公園。テーマパークの要素を若干入れながら公園の整備をする」「愛・地球博記念公園にある既存の施設や土地の高低を生かした〝新しい公園〟を作りたい。どうやって折り合いをつけながらやっていくか楽しみ」と語っています。すなわち、**日常生活から完全に切り離されたファンタジーランド然としたテーマパークはジブリが求めるテーマパークの在り方ではなく、日常生活と地続きの公園として、ジブリをテーマにつくり上げていく〝公園施設〟であることが重要**だということです。これはジブリ作品の魅力をいかしたテーマパークをつくる際にジブリが一貫して考えていたことでした。そうしたことができる場として、ジブリが考える〝新しい公園〟をつくるにふさわしい場所が愛・地球博記念公園だったとも言えるのではないかと思います。

ジブリの大倉庫だけでも三鷹の森ジブリ美術館の3倍！

「三鷹の森ジブリ美術館（東京都三鷹市）」との違いをよく問われますが、鈴木プロデューサーいわく、規模がまるで違うので比較は無理だそうです。ジブリパークは5エリアで構成し、総面積は7．1ヘクタール。うち3エリア（計3．4ヘクタール）が先行開業しますが、**「ジブリの大倉庫エリア」にあるジブリ作品の展示を中心に遊びと憩いの空間を提供する屋内施設「ジブリの大倉庫」だけでも延べ床面積9600平方mあり、「三鷹の森ジブリ美術館」の3倍近い規模です。**

「ジブリの大倉庫」は、その名の通り〝大倉庫〟ですから、美術館のイメージからは少し離れて、ジブリ作品の大きなものから小さなものまで、いろんなものが展示・設置してある場になる予定です。スタジオジブリの紹介として、東京の東小金井駅からジブリまでの風景を子供サイズのまちとして再現し、そこが遊び場になっていたり、「借りぐらしのアリエッティ」の庭や「天空の城ラピュタ」のロボット兵も設置される予定です。「となりのトトロ」はネコバスだけでなく、そのまわりのトトロ的な世界を楽しんでもらう遊び場にする計画もあります。

ジブリ美術館はアニメーションの様々な楽しみ方を紹介する美術館ですが、ジブリパ

「ジブリの大倉庫エリア」のデザイン画

ークは公園です。公園ですから、ジブリパーク全体で子供たちが体を使って遊べる場所でもあります。ジブリパークにもキャパシティーに制限はありますが、ジブリ美術館に比べればはるかに多くの人を収容できます。エリアは、山あり、谷ありで五本の指を広げたような造りで点在しています。谷を回り込むと場面が変わる魅力的な場所で、すべてを一日でまわることができるかどうか……という規模です。来園者には、公園内をぐるぐるとたくさん歩いてもらいながら楽しんでもらいたいです。

ジブリパーク開業の２０２２年は
愛知・名古屋の観光元年

ジブリパークは、５エリア開業で年間約１８０万人の来園者を見込んでいます。ジブリパークの開業によって、飲食・グッズ販売・宿泊・交通などの消費が創出されることで、**経済波及効果は年約４８０億円に達すると愛知県は試算しています。**観光関連の相乗効果への期待はとりわけ大きなものがあります。観光の目玉が足りないといわれる県内に、世界的に人気で海外のファンも多いジブリ映画の世界観を再現したジブリパークができることで、外国人観光客の増加にも貢献できるのではないかと考えています。

海外からのインバウンド観光、さらにはリニア開設による国内各地から愛知・名古屋への観光交流活性化への期待が高まっています。ジブリパークは、中部最大の観光拠点

「青春の丘エリア」のデザイン画

となるポテンシャルを秘めており、国内外からの大規模な観光客の誘致を実現できると思います。また、相乗効果として、県内のさまざまな観光施設がこれまで以上ににぎわうことも期待されています。

旅行代理店の中には**ジブリパークがオープンする2022年を「愛知・名古屋における観光元年」と位置づける**動きもあります。多様でユニークな広域観光ルートおよびコンテンツ開発への期待が高まっています。その中心にあるのは、愛知・名古屋が観光の「通過」都市ではなく、観光の「目的」都市となることです。アフターコロナの視点では、訪日インバウンド（特に中国・台湾・香港）復活への起爆剤となる観光コンテンツとしての期待は大きいです。

地元の皆様にはもちろんのこと、日本全国の方に末永く愛される公園施設にしなければならないと考えています。その上で、ジブリパークを通じて、地域の発展に寄与できればと思っています。

ファンタジーでありながら現実味もある世界観を体感できる公園に

心ひかれるジブリ映画のファンタジー的な世界観。その一方で、ジブリ映画のもうひとつの魅力は、日常生活を丁寧に描くことで、登場する人物にも、実際に存在するのではと思わせるリアリティが描かれていることにあります。〝現実味ある世界観〟、これもまたジブリ映画の魅力のひとつではないでしょうか。

『となりのトトロ』『魔女の宅急便』『千と千尋の神隠し』など誰もが知るジブリ映画は、ファンタジーの魅力にあふれながら描かれた世界観は現実離れした架空のものではありません。こうしたジブリ映画の持つ特徴をいかした、映画を見ることで目や耳のみで体験してきたジブリの世界観を、実際に手で触れたり、歩き回ったり、五感で世界を体験することで、あたかも映画の世界に入り込んでしまったような疑似体験ができることを目指したのがジブリパークです。

現実に根ざした世界ながらファンタジーの要素を取り込んだことで、人によってはファンタジーを感じる場となり、来園者は、『魔女の宅急便』のキキの気分になったり、『ハウルの動く城』のソフィーの気分になったりできることでしょう。そこにいるかのような主人公の息吹さえ感じてもらえればとの思いを込めて、来場者それぞれが自由に、ジブリ映画から現出した〃ジブリ〃を楽しんでもらえればと思います。

そうした思いを大切にしながら、地域に根を張り、たくさんの人に愛され、時を超え成長していく公園をつくっていきます。**ジブリパークは、日本が世界中に愛されるジブリが息づく唯一無二の公園となっていきます。**そこに、地元から、日本各地から、世界各国から多くの皆さまにお越しいただくことで、愛知・名古屋そして日本を盛り上げて行きたいと思っています。

岡村徹也さん

（ジブリパーク 運営本部長
兼 開業準備室長）

1995年中日新聞社入社。コンサート・展覧会などの文化系イベントから、マラソンなどスポーツ系イベントまでジャンルを問わずさまざまなイベントを企画・プロデュースしている。愛知万博（2005年日本国際博覧会）では、パビリオンづくりに関わった。2019年11月株式会社ジブリパークの取締役運営本部長となり、ジブリパークの運営体制づくりを担当している。名古屋出身であるスタジオジブリの鈴木敏夫プロデューサーを尊敬し、宮崎吾朗ジブリパーク総合プロデューサーを支える。

ビジネス

スタートアップの拠点・ステーションＡｉで愛知がイノベーション創出都市に

柴山政明さん
（愛知県経済産業局スタートアップ推進監）

愛知県をスタートアップ[*1]を起爆剤にイノベーション創出都市に！　県が中心となり進められているあいちスタートアップ・エコシステムの形成。その中核拠点となるのが名古屋市昭和区に建設が予定されているステーションＡｉだ。世界の先進国が注力するスタートアップ施策の中で、愛知の取り組みはどんな特徴があるのか？　そしてこれが羽ばたいた時に愛知、そして名古屋はどんな街になるのだろうか？

＊1　**スタートアップ**＝新たな製品、サービスによって市場を開発、参入し、イノベーションを起こすこと、その起業をする人材や企業

日本最大級のスタートアップの拠点ステーションAiが2023年完成

愛知県庁舎

スタートアップを起爆剤として、全国でも類例のない国際的なイノベーション都市を形成する、これが、愛知県が今進めている『あいちスタートアップ・エコシステム』の基本コンセプトです。愛知県は自動車産業を中核に、日本のモノづくりをけん引してきましたが、**デジタル化の急速な進展を伴った100年に一度の大変革期の中で、これからも引き続き愛知県が日本の産業をリードしていくためには、先頭に立って産業構造の転換を促進していく必要があります。**そのために、スタートアップの創出・育成・展開の拠点整備を進め独自のスタートアップ・エコシステムを構築する、その中心となるのが２０２３年度に開設を予定しているステーションＡｉです。

ステーションＡｉは名古屋市昭和区の鶴舞公園南側の県有地、愛知県勤労会館跡地にＰＦＩ法に基づく整備を計画しています。約７３００平方ｍの敷地に、容積率制限の緩和を通じて床面積３万平方ｍ超を可能とする施設を想定しており、これは日本最大級のスケールです。

この中にスタートアップ向けオフィス、大企業などのパートナー企業や海外連携支援機関、大学向けオフィス、入居者による試作品支援のためのテックラボ、会議室やセミナールーム、宿泊施設、さらには地域の方々と交流できるカフェやレストランなどを整備します。また、昨今、急速に進展するデジタルシフトを見据え、高度通信、リモート、ハード・ソフトにわたるデジタルトランスフォーメーション（ＤＸ）＊[2]の推進環境も整えていくことを考えています。とりわけ、リアルとリモートとが最適化したニューリアリティ＊[3]にも対応する施設としていくことが求められると思っています。

スタートアップの利用は１０００社を目標としています。こうした利用者が中心となった国内外のスタートアップのグローバルなコミュニティを形成し、新しいかたちでのイノベーション創出のモデルをつくりあげていく考えです。

ステーションＡｉはフランス・パリ市のステーションＦがモデルとなっています。このステーションＦは、主なテーマとしてダイバーシティ（多様性）を掲げています。ま

ステーションAiのモデルになったフランス・パリ市のステーションF

ずは外国人。ここには、海外から有能な若者がどんどん来ています。そのために長期にわたって滞在が可能な宿泊機能が整備されています。そして女性。スタートアップ創業者として4割が女性となっています。それによってここで生まれる事業そのものがダイバーシティにつながります。愛知のステーションＡｉも、**入居者の1／3が外国人、創業者の4割が女性という構成のステーションFのダイバーシティの考え方を引き継いでいきたいと考えています。**

地域の方々との交流も欠かせません。鶴舞公園に隣接する立地なので、周辺は老若男女の市民の利用、スポーツ施設の利用者が日ごろから多い環境にあります。カフェやレストランを入口にしてそういう地域の方々が施設に気軽に出入りできるオープンなスペースを設けていきたいと考えています。また、セミナーやワークショップなどで、ここで生み出されていくイノベーションに、気軽にいち早く接してもらうオープンな環境をつくっていきます。こういう関係性の中で、地元の方にとって「何だかよく分からないことをやっている施設」ではなく、自分たちの街から新しい「コト（価値）」が生まれている、という思いを持っていただける施設になるものと考えています。

＊2 **デジタルトランスフォーメーション（DX）**＝企業がビジネス環境の著しい変化に対応するためビッグデータやデジタル技術を活用しビジネスモデルを変革させていくこと
＊3 **ニューリアリティ**＝リアルとリモート（モバイル）との境界線を無くし、融合・最適化させた新しい概念の現実

大企業とのマッチングでスタートアップの育成・飛躍をスピーディーに

ステーションAiの大きな特徴は大企業の入居です。単にスタートアップを呼び込み、育てていくだけではなく、既存の大企業にも入居してもらい、両者のマッチングを通じて新しい付加価値を生み出します。さらに、その運用をよりスピーディーにしていきます。スタートアップの育成に取り組んでいる都市は国内各所さらには世界各地にありますが、大企業の入居やそのマッチングの仕組みを導入している例はあまり多くありません。スタートアップの支援というとふ化・育成に目が行きがちですが、同様に出口戦略も重要です。**早い段階から大企業と連携できる環境が整っていれば、開発のスピー**

ド感はグッと高まりますし、ある程度成果が出た時点での出口となるバイアウト*4やＩＰＯ*5もスムーズになります。大企業としても、新しいスタートアップのビジネスモデルを採用し更なるオープンイノベーション*6を誘導できます。スタートアップの発想やチャレンジ精神、大企業の資金力や豊富な経験、実社会での運用力。両者の持ち味を融合させることで、育成、展開、そしてまた次のスタートアップへ、というサイクルがよりスピーディーになるのです。

事業を承継する後継者の方にも利用してもらいたいと考えています。今、多くの企業で大きな課題となっているのが後継者の問題です。飲食店、商店、町工場など……。親などから事業をそのまま引き継ぐだけでなく、新しい付加価値をつけて第二創業者として新たなスタートを切れば、新しいニーズやユーザーを獲得するチャンスは十分にあると思います。事業承継者の方にも様々なスタートアップの支援プログラムに参加してもらいたいと考えています。

スマートシティの関係者も有力な参加候補者です。あいち自動運転推進コンソーシアム、あいちロボット産業クラスター協議会、愛知県ＩＴＳ推進協議会、そして、Ａｉｃｈｉ－Ｓｔａｒｔｕｐ推進ネットワーク会議など……。愛知県にはこの分野を支援する地域プラットフォームが多数あり、それぞれ１００者・機関を超えるメンバーがそろっています。自動車産業は愛知県の基幹産業ですから、今後も自動運転やＩＴＳの推進を中心にスマートシティの分野でも先んじていけば、日本を、さらには世界をリードしていくことができます。

行政機関の入居も充実させていく計画です。新たな事業を起こすには様々な行政手続きが必要で、これに手間がかかってしまう場合があります。少しでもスムーズに進められるようサポートできる機関に入居してもらう考えでいます。

＊4 **バイアウト**＝スタートアップの有力な出口戦略の一つ。企業の価値が高まり確定可能な段階で、企業そのもの（株式）を売却すること
＊5 **IPO（Initial Public Offering）**＝スタートアップの有力な出口戦略の一つ。企業の価値が高まり確定可能な段階で、株式を上場すること
＊6 **オープンイノベーション**＝社内外の核となる経営資源を融合させて新たなイノベーションを創出すること

大企業、行政、国内外のネットワーク 多角的な機能と全方位的連携を持つ稀有な施設

このようにスタートアップにかかわる機能を総合的に保有している施設は、現状国内には見当たりません。世界的にも画期的な取り組みと考えます。規模だけでなく機能の面でも、日本初、日本最大級の施設となるはずです。

グローバルなスタートアップコミュニティ形成の促進も主要なテーマのひとつです。**世界各地のスタートアップ先進地である、アメリカ、フランス、中国、シンガポールなどのスタートアップ支援機関、大学との連携事業も既に本格化しています。**

アメリカではテキサス大学オースティン校、フランスでは世界的なビジネススクールＩＮＳＥＡＤ、グランゼコールＩＭＴ Ａｔｌａｎｔｉｑｕｅ、パリ市経済開発公社Ｐａｒｉｓ＆Ｃｏ、中国では清華大学や傘下のＴｕｓＨｏｌｄｉｎｇｓ、そのほか、シンガポール国立大学と連携して、それぞれスタートアップ支援プログラムの展開やノウハウ共有などの具体的な事業を進めています。

ピッチイベントの定期的かつ頻繁な開催も行い、スタートアップのプレゼンテーション機能もバックアップしていく考えでいます。新しいサービスや製品は、その魅力をいかに分かりやすく伝えるかが第一歩となります。せっかく素晴らしいアイデアがあっても利用する人がその良さを理解できなくては普及しませんから、発表する場や機会を数多く設けることで、プレゼンするスキルも高め、さらには出会いの場を増やすことでより具体化するチャンスの可能性も広げていきます。

一方、国内でも、愛知県内を中心にテーマ別のスタートアップ・サテライト支援拠点の整備を進めています。東三河地域で地元中心にプロジェクトチームを設置し、先行的に事業化が図られています。ステーションＡｉは海外ネットワークとこうした国内ネットワークとが融合する中核施設となります。これらの展開がスピーディーに進められ、新しい付加価値が創造されます。こうした広がりのあるスタートアップ支援施設は世界でも極めて画期的だと思います。

10年後では遅い。既に走り出している
愛知のスタートアップ支援

イノベーションの分野はとにかくスピード感が重要と考えています。あいちスタートアップ・エコシステムの施策も、貪欲にスピーディーな展開を図っていくべきだと思います。10年後の、2030年と悠長に構えていてはスロー過ぎるかもしれません。海外の先進都市との連携は彼らが歩んできた経験を学習し、我々はそれをより速く進めようという狙いがあります。他の都市が10年かかったことを5年、3年に縮めて、追いつき、追い越していきたいと思っています。

実際に既に先行して進めている取り組みもあります。ひとつはスタートアップ向けの総合支援窓口です。2020年1月に笹島のWeWorkグローバルゲート名古屋内のプライベートオフィスの一室を県が賃借し、ステーションAiの早期支援拠点と位置づけ開設しました。本拠点で、スタートアップの入居を通じた事業化支援のほか、統括マネージャー設置による協業支援、経営相談などスタートアップの総合的なバックアップ体制を整えています。

また、ビジネスアイデアの市場化を促すスタートアップキャンプやビジネスモデルプランコンテスト、アクセラレータープログラム、モノづくり企業とスタートアップとのマッチングなどのソフト事業も本格展開しています。

さらに、実践的な事例では、自動運転の実証実験があります。**愛知県では2016年から公道での自動運転の実証実験を全国に先駆けて大規模に行っています。**この分野の技術開発では、スタートアップが取り組んでおり、県はこれをバックアップする形で、県内の複数市町村で、3000kmを超える公道の自動運転走行、全国初の運転席無人の公道走行の実験などを重ねています。こうしたこれまでにない新しいシステムの実現には様々な法規制をクリアしていく必要があります。公道での無人運転となると、道路を保有する市町村、道路交通法を所管する警察庁、そして自動車を所管する国土交通省などとの様々な手続きが必要です。そこで、国とも市町村とも連携体制を整えた県がサポートすることで実現の可能性が大きく高まります。これは自動運転に限った話ではなく、**新しい事業を起こそうとすると、どこかで規制をクリアしていかなければならない、というケースが少なからずあります。**それを県がサポートすることで、スタートアップを支援し、さらには新しい技術や仕組みの社会システム化を推し進めることにつながります。

愛知をイノベーション創出都市に！

成功の鍵は地域一丸の盛り上がり

愛知県は保守的でベンチャー不毛の地、という誤解を受けがちですが、決してそんなことはありません。自動車、繊維、陶磁器……。日本を代表する新しい産業の多くはこの地域から生まれています。ある意味ベンチャーだらけとも言え、常に技術革新をくり返しているトヨタ自動車はまさにスタートアップそのものと考えることもできると思います。

今、スタートアップの世界ではリーン[*7]・スタートアップといわれるビジネス開発手法が提唱されています。これは製品の実装、軌道修正を迅速にくり返して成功に導くという方法で、主に製品開発の分野で使われるアジャイル開発[*8]をビジネスやアイデアの開発の領域にまで拡大し、新しい市場そのものを創造していく考え方です。このリーン・スタートアップの〝リーン〟はもともとトヨタ生産方式を元に構築されたリーン生産方式からとったものと言われています。その意味で、リーン・スタートアップは愛知県で生まれたやり方をスタートアップにも生かそうという、いわば**私たちにとっては原点回帰ではないかと思います。見方を変えれば、スタートアップの精神や土壌はもともとこの地域に備わっている**ものと考えることができると思います。

2020年7月にその証ともいえる、ここ愛知、名古屋を中心に浜松地区を含めたこの地域が、国の「スタートアップ・エコシステムグローバル拠点都市」に認定されました。本拠点都市は、我が国の強みである優れた人材、研究開発力、企業活動、資金等を生かした世界に伍する日本型のスタートアップ・エコシステムの形成を目指し、地方自治体、大学、民間組織等が策定した拠点形成計画を認定するもので、全国4カ所のうちのひとつとして選ばれたものです。

あいちスタートアップ・エコシステム形成の成功の鍵は、実は地域の気運にかかっていると思います。ステーションＡｉに国内外からスタートアップをはじめ様々な企業や支援機関、大学を誘致していきたいと考えます。そのためには都市の魅力を高め、情報発信をしていかなければなりません。例えば、愛知県が連携プログラムを進めているテキサス大学オースティン校のあるオースティン市では、スタートアップの支援と合わせてサウス・バイ・サウスウエスト（ＳＸＳＷ）という音楽・映像・インタラクティブを融合させた大規模イベントを開催し、今やスタートアップの見本市となっています。街を上げての祭典になっており、世界中から新しい刺激を求める人たちが集まっています。**愛知、名古屋でもイノベーションを創出する都市というブランディングを進めて世界に発信する、そんな地域の盛り上がりを高めていきたいと思います。**ステーションＡｉ自体にもその気運を高める大きな力があります。新しい考え方にふれることによって、新しい価値観もまたこの地域に育まれると思います。

私たちも行政単体でこの壮大なプロジェクトが進められるとは思っていません。スタートアップも、大企業も、支援機関も、大学も、最初からすべてのステークホルダーが連携し、展開事業を融合させたかたちで、Ａｉｃｈｉ-Ｓｔａｒｔｕｐ戦略という地域総合プランを打ち立て、実行しています。さらに、地域の方々やコミュニティが加わって、機運盛り上げに重要な役割を果たしていただいております。

２０３０年の愛知、そして名古屋は、地域が一丸となって実現したイノベーション創出都市となっているに違いありません！

＊7　**リーン**＝徹底的に無駄を排除する事業化手法

＊8　**アジャイル開発**＝リーン・スタートアップと言われる事業化手法の中核部分で、ＭＶＰ（Minimum Viable Product）の仮市場投入を通じて、課題設定、仮説検証、課題修正を繰り返しながら、新市場、新規顧客を開発するプロセスＭＶＰ＝顧客に価値を提供できる最小単位のものやこと

柴山政明さん

（愛知県経済産業局スタートアップ推進監）

1963年、愛知県春日井市出身、在住。愛知県経済産業局のスタートアップ推進監として、あいちスタートアップ・エコシステムの実務を担当する。資格はMBA、中小企業診断士、宅地建物取引士。南山大学大学院博士課程で総合政策を学んだ。日本地域学会に所属。

1人1人がスキルを活かして参加する「プロジェクト制」型社会へ

林 高生さん
（株式会社エイチーム 代表取締役社長）

名古屋市に本社を置くＩＴベンチャーの雄、エイチーム。10代から自身で事業を始め、携帯ゲームのヒットに株式上場と急成長を実現させてきた林高生社長は、〝中卒のベンチャー起業家〟としても大いに注目を集める存在だ。保守的な土地柄ゆえスタートアップしにくいといわれる名古屋において、新しいビジネスチャンスをいち早くつかむ開拓者精神はどのように培われたのか？ 設立20周年を迎えながらも変化・進化の歩を止めない事業戦略は何を原動力にして生まれているのか？ 林さんの足跡とマインドから、名古屋でベンチャーが成功するヒントを探る。

10代から起業。貧しさの経験が独立心を育む

名古屋市中村区名駅のエイチーム本社で

岐阜県生まれで、陶芸家の父のもと、幼少期は比較的裕福な環境で育ちました。しかし、小学3年生の時に父が他界し、生活が一変。**貧しい生活を強いられたことで「早く自分でお金を稼いでお金持ちになるんだ！」という思いを強く抱くようになりました。**

小学校高学年の時、余裕のない生活の中で、母が「ぴゅう太」というゲームパソコンを買ってくれました。これがプログラミングに熱中することになったきっかけです。中学生になってもその熱は冷めず、プログラミングに夢中になるあまり夜更かしばかりして、高校受験に失敗してしまいました。家計がひっ迫していたため浪人する余裕

などなく、進学を断念せざるを得ませんでした。

それからは新聞配達やプログラマーなどのバイトと大検のための勉強の日々。19歳の時には友だちに先生になってもらって学習塾を始めました。最初はうまく行かずに引っ越しのバイトなどをして赤字を補てんしていました。その後、何とか軌道に乗ったのですが、21歳の時に塾の経営からは手を引き、25歳でソフトウエアの受託開発を個人事業として始めました。

モバイルオンラインRPGが大ヒット

創業当時は食べていくのに必死だったので、事業の成長というところまではイメージできていませんでした。それでも事業は比較的順調で、受託件数も増加し、それにともないスタッフも増強していきました。非常に忙しい日々だったのですが、下請けからの脱却が会社にとっての課題となっていきました。その当時、勢いがあった市場が携帯電話向けのゲームや着うたなどのデジタルコンテンツ配信でした。そこで2003年からオリジナルのモバイル向けゲームの開発に着手し、2006年には国内初のMMORPG「エターナルゾーン」をリリースしました。当時、携帯電話で人とオンラインでゲームができるというのは大きなインパクトがありました。同年にはライフスタイルサポート事業のきっかけとなる引越し価格比較サイトを立ち上げ、BtoCのゲーム開発に加

ダークサマナー

えＢｔｏＢｔｏＣの企業のサポートもする企業体へ。その時々の会社の課題を見つめて、下請けからの脱却、携帯ゲーム開発の一本足打法からの脱却と、時代のニーズを見つけながら事業の幅を広げていきました。

その後で生まれたのが２０１２年にリリースしたスマートフォン向けＲＰＧ「ダークサマナー」です。これはリリースから1年あまりで世界中で７００万以上ダウンロードされ、アメリカのセールスランキングで1位を獲得するなど、当時、当社を代表するコンテンツとなりました。スマホの時代になって、モバイルゲームにＣＧのオープニングムービーをつけたのも当社が最初です。今では当たり前になっていますが、当社がその流れのきっかけをつくったことは確かでしょう。

「引越し侍」「ナビクル」。消費者と企業を結ぶ送客ビジネスが第2の柱に

ライフスタイルサポート事業は現在、引越し比較サイト「引越し侍」、車査定・車買取サイト「ナビクル」をはじめ、結婚式場やカードローン、保険など生活をよりよくす

るための比較・検索サービスを各種運営しています。**引越し、車の買い取り、カードローンはそれぞれの分野でトップのシェアを誇ります。**

そのうち最初に始めたのは２００６年の引越し価格比較サイト。その頃、ホテル・旅館の予約サイト「一休」が株式上場を果たし、このビジネスモデルについて研究していました。そんな時に自分が引越しすることになり、業者選びにニーズがあることを実感した。企業としての次なる展開、消費者としての個人的な体験。２つのニーズが重なって生まれたビジネスです。

「引越し侍」は今、引越し業者を使って引越しをする人の4人に1人が利用してくれています。街中で引越しのトラックが走っているのを見かけたら4台のうち1台は当社のサイトの利用者の引越しということになります。消費者にとっては各社の見積もりを比較して適正な価格の業者を選ぶことができるのはもちろん、地元の中小の業者を知ることができ選択肢が広がる。業界にとっては送客の有効な手段になり、資金力がなくても集客できるため、独立しやすくなるというメリットもある。価格競争を誘発する恐れもともないますが、自動見積もりツールで概算が分かるのであまりに非常識な安さだと信頼を損ねることになり、業界全体で概ね適切な価格におさめようという心理が働き、常識的なラインに落ち着く傾向が見られます。もちろん引越し業者の価値は料金だけではなく、接客や家具の扱い方などサービスの品質が重要なので、こちらで審査を行い、業界全体およびサイトの信頼性を守る仕組みづくりもはかっています。

車査定・車買取サイトの「ナビクル」も、仕組みや存在価値は同様です。ユーザーは見積もりの手間を一回で済ますことができ、高値で買い取ってもらえて金銭的メリットも得られる。業者からすれば集客の効果が高い。そして、大手のような知名度がない業者でもユーザーに知ってもらえる機会ができる。いずれもインターネットを活用した送客ビジネスという点で、ゲームと比べてより一般の幅広いユーザーが利用できるサービスだといえます。

引越し侍

ナビクル

自走できるスペシャリスト集団なら 1＋1を3にも4にもできる

エイチームという名前は中学時代に観ていた海外ドラマ『特攻野郎Aチーム』から取ったものです。それぞれ得意技を持つスペシャリストが集まり、奇想天外な活躍で事態を解決する。そんな内容に、自分もそういうチームをつくりたいと考えました。

チーム力を重視した組織づくりは、アルバイト時代の経験も要因になっています。いろんな職場を見てきましたが、最も効率が悪いのが従業員が会社に対して悪口を言っている職場です。対会社という点でだけ団結力があるのですが、そのパワーが仕事のためには使われていない。業種業界を問わずそういう現場を見て来て、それを反面教師として、一致団結して楽しいものを創造していける組織を作りたいという思いが培われていきました。それと同時に、1人1人が主体性をもって自走できるチームでありたいとも思っていました。1＋1＝2ではなく1＋1が3にも4にもなる。そんなイメージです。

エイチームはＩＴ業界の中でも優秀なスペシャリストの集まりで、その上でゲーム、比較サイト、ＥＣサイトと多方面の事業を手がけている。こういう会社は他にあまり例がないので奇想天外ともいえる。海外ドラマからヒントを得た社名は、現在の社風や会社の立ち位置にも反映されていると思います。

本質を磨くのに邁進できる 名古屋はベンチャーも育ちやすい

名古屋はベンチャーが育ちにくい、といわれますが、いい商品やサービスを生み出せさえすれば、むしろ育ちやすい環境だと思います。当社にしてもＩＴ企業というだけで他に類似の企業があまりないため、注目されやすい。２０１２年の東証マザーズ上場時に「名古屋の元気な企業が上場した」と多くのメディアに取り上げられたことは印象的でした。

東京の場合はあらゆる分野で競合が多いため、何かしら話題性をつくって目立たなければ存在感を示せない。変わった社内制度やサイコロをふって決める採用法など、奇をてらったことをする会社がしばしばありますが、それでは集まる人材も偏ってしまいます。**名古屋では無理して目立つ必要がないため、その分本質の部分に注力できる。**例えばコメダ珈琲店は長時間座っていても快適で居心地の良い店舗空間が魅力に挙げられますが、東京で創業していたら、年配の人に好かれる喫茶店と思われて今のような成長は果たせなかったかもしれない。ＣｏＣｏ壱番屋にしても一定水準のクオリティのカレーを提供することに邁進して宣伝にはお金をかけず、ナンバーワンチェーンになった。いずれも名古屋という土地柄があるからこそ、このやり方でここまでの成功をおさめられたと思います。

私自身、東京に出ようと考えたことは一度もありません。行かないといけない理由が何もなかったからです。周りを見渡すと、**東京に出ていく人は、東京のベンチャー熱の中に身を投じて自分を奮い立たせたい、というある種刺激を求めて行く人が多い。**周りの熱気を必要としなくても、自分自身を奮い立たせられる気概があれば、名古屋は決して起業するのに悪い土地ではありません。地元志向の高さも従業員の定着率の高さにつながると考えれば、いい人材を確保しやすいというメリットとしてとらえられるのではないでしょうか。

労働者が自ら働く場を選ぶ
プロジェクト制へ移行

これからは働き方が大きく変わり、従来のような会社と社員の関係性は薄くなっていくと考えます。ひと言でいえばプロジェクト制に移行する。労働者は自分の能力を活かして様々なプロジェクトに主体的にかかわる。スキルを提供した分、配当を得る。転職とも副業とも違う新しい働き方です。コロナによる外出自粛要請によってリモートワークが進んだことで、この働き方への移行はますます現実味が出てきました。**リモートが主流になるとみんながより自由に働けるようになり、複数の企業やプロジェクトと接触しやすくなる。**当社では緊急事態宣言前に原則全社員在宅勤務としたのですが、しばらくして社員にアンケートを取ったところ「今後も在宅勤務がよい」の回答が7割以上を占めました。

こうした流れの中で、**当社は様々なプロジェクトに出資する投資会社になっていくと考えています。**社会に必要とされ将来性のある様々な事業に入り込んでいる企業体です。それをうまく機能させるには、チームの理念と一体感がいっそう重要になる。社員同士の場所や時間が離れていてもエイチームというチームでひとつにつながっている。そういうメッセージ、文化の重要性はより高まります。特に新規採用者に対してそれを浸透させることは重要な課題になるでしょう。
プロジェクト制は、自分のスキルをより活かすことができ、より条件のよい事業を労働者が主体的に選ぶものですから、当社が得意とする比較サイトがあってもいい。働き方が変わる中で自分たちの可能性が広がるよう、自ら仕かけていきたい。ひとつの産業だけでなく、社会全体を変えていかなければならない。これはもともとエイチームが目指してきたものでもあります。名古屋から新しい社会の在り方を示していくことができればと思っています。

林 高生さん
（株式会社エイチーム 代表取締役社長）

1971年、岐阜県土岐市出身。小学5年生の時にゲームパソコンと出会い、プログラミングに興味を持つ。中学卒業後はアルバイトに明け暮れ、19歳の時に学習塾で起業。1997年、25歳で個人事業でソフトウエアの受託開発を始め、2000年に有限会社としてエイチームを設立。2003年に携帯電話向けゲーム開発をスタート。2012年にリリースしたスマートフォン向けオンラインRPG「ダークサマナー」が世界的に大ヒット。2012年4月に東証マザーズへ上場し、史上最速のわずか7カ月で東証一部への昇格を果たす。現在は1100人の社員を抱え、「エンターテインメント事業」「ライフスタイルサポート事業」「EC事業」を3本柱にさらなる成長を目指す。

技術力をバックボーンにした モノづくり系 スタートアップの聖地に！

牧野隆広さん（ミライプロジェクト 代表取締役）
藤田 豪さん（ＭＴＧ Ｖｅｎｔｕｒｅｓ 代表取締役）

製造業を中心とした高い経済力を誇る愛知・名古屋。一方でその盤石さゆえに起業家が育ちにくい、と長らくいわれてきたのも事実。しかし、近年は風向きが変わりつつある。内閣府による「スタートアップ・エコシステム拠点都市」のグローバル拠点都市に中部圏が選定され、県によるスタートアップ支援拠点「ステーションＡｉ」建設計画も始動する。愛知、名古屋発のベンチャーの今後の発展やいかに？ ライフワークとしてスタートアップ支援を行うミライプロジェクト・牧野隆広さん、名古屋での投資実績20年以上という世界で唯一のキャリアを持つベンチャーキャピタリストであるＭＴＧ Ｖｅｎｔｕｒｅｓ・藤田豪さんの両名に、その展望と可能性を尋ねた。

名古屋が誇る大企業の強さを活かし スタートアップを育成

── 牧野隆広さん ──

アメリカに比べて日本はベンチャーが育たない。そんな風に言われる理由は、日本は歴史のある大企業が優れた経営を続けてきて、今も輝いているから。逆にアメリカはＢＩＧ３をはじめ製造業を中心に大企業が軒並みダメになって、代わりにＩＴを中心に新しい創業者が起こした企業が輝いている。そのため明るい未来を想像しようとすると、自分も起業しよう、もしくは創業者が今も健在な若くて成長著しい企業に入ろう、と考える若者が多くなるのは当然のことなんです。一方で日本はトップが交代しても堅実に業績を維持する企業が多いので、いい生活を送りたいと思ったらそちらを選ぼうと考えるのもまた当然。その典型的な都市が愛知、名古屋。トヨタグループをはじめ製造業の大企業があまりにも輝いているので、この地域では〝大企業に就職すれば幸せな人生を送ることができる〟と考えるのが自然です。**名古屋がベンチャー不毛の地といわれるのは、むしろ自慢すべきことだともいえます。**

とはいえ大企業が将来も安泰かというと決してそうとは言い切れません。サラリーマン社長は得てして自分の在任期間中の業績ばかりにとらわれ無難に次へバトンタッチしようと考えがちで、結果的に大きなイノベーションが生まれにくくなる。事実、90年代までは日本企業が世界のトップに立っていたのに、今や時価総額でも成長力でもアメリカ、中国の後塵を拝しています。再び成長のスピードを高めるためには、**大企業にまだ余裕がある今のうちにスタートアップを育成しておく必要があるのです。**

優秀なOB、恵まれた環境を活かした名古屋らしいスタートアップ

スタートアップというと真っ先にイメージされるのはIT、AI系でしょう。この分野でスタートアップを目指す若者には、私は東京へ行くことを薦めています。現状では名古屋より東京の方が圧倒的に刺激が多く、成長できる可能性も高いからです。日本が今後競争力を取り戻すためには、IT系を中心にまず東京から魅力的なベンチャーが数々生まれ、世界中の投資家から注目を集める都市になっていることが大前提だと考えます。

では、名古屋、愛知はどんなスタートアップが向いているのか？　それはハードウエア、製造業系です。この地域には製造業系大企業のOBもたくさんいて、研究開発部門で実績のある人は今でも非常に高い技術を持っている。彼らが定年退職すると、海外か

ら好条件のオファーが殺到するほどです。ハードウエアをつくるといっても、試作と量産では技術も生産管理のノウハウも全く異なる。そこで、それを経験してきたＯＢたちのスキルが活きるんです。ただし彼らはもともとの給与水準が高いので、実績のないスタートアップが十分な報酬を保証することはできない。そこで、**県や市に補助を出して雇用しやすい体制を整えてほしいのです。**さらにはインキュベーションの施設もオフィスだけでなく、試作ができるような施設を用意してもらいたい。モノづくりの分野なら、東京よりも名古屋の方が環境的に恵まれている。愛知、名古屋はハードウエア、製造業をキーワードに、世界中からハングリーな人材を集め、もともと持っているこの地域らしい強さを活かしながら、世界に羽ばたくスタートアップを育てていくべきです。

また既存の企業もスタートアップと積極的に交流してほしい。優秀な若い人材を2、3年出向させるのもいいでしょう。その方がシナジーも生まれるし、かえって有望な人材を手放してしまうリスクも避けられるでしょう。

名古屋大学というノーベル賞受賞者を数多く輩出している名門の存在も、理系の人に向けたブランディングには非常に有効です。名大は実際に今、スタートアップの育成に力を入れていて、今後魅力的なベンチャー、経営者が育つことが期待されます。

ウィズコロナの時代は若者にはチャンス

今、コロナショックで日本だけでなく世界中が深刻なダメージを受けています。しかし、裏を返せば若者にとっては大きなチャンスです。**ほとんどの事業者が大きなマイナスを被っているのに対し、学生はもともとがゼロからのスタートなので、相対的に有利になっているといえる。**しかもリーマンショック時とは違い、金融界はあまりダメージを受けていないのでお金は余っている。デジタルネイティブならではの新しい発想、感覚で新事業にチャレンジするには絶好の機会です。ウィズコロナの時代にどんな分野が伸びていくのか？　それを意識しながら積極的に新しいビジネスにチャレンジしてほしい。

環境的にも地理的にも、スタートアップの聖地となり得る街は、日本国内では東京以外では名古屋が最有力だと思います。10年後には日本がアメリカ、中国に次ぐスタートアップの街になっていて、ＩＴ系中心の東京と製造業系中心の名古屋が並び立つ存在となり、願わくばシリコンバレーのような世界中から熱い視線を送られる街になっている。それが私が考える２０３０年の名古屋の理想の姿です。

企業人と起業家の交流が化学反応を生み出す

藤田 豪さん

日本とアメリカではベンチャーキャピタル（以下、ＶＣ）の投資額におよそ20倍ほどもの差がありましたが、近年はＣＶＣ（コーポレートベンチャーキャピタル）が投資を増やしてきて、またシードのファンドには年金基金の資金も入るようになり、大きな規模の投資資金がキープされる流れにようやくなってきました。さらに**高校生の「なりたい職業」にも「起業家」がランクイン**するなど（ソニー生命の２０１９年調べで男子高校生２位）、様々な面でスタートアップに対する関心、気運は高まってきました。

愛知、名古屋の場合は生活環境も豊かな上に大企業が数多くあり仕事にも困らない、すなわちわざわざ起業する必要性がない、というのがこれまでの常識でした。しかし、こちらも徐々に様変わりしてきて、終身雇用が崩れた今、ひとつの会社で人生を全うする生き方は過去のものになり、**今後は複数の仕事を並行して行うパラレルキャリアが当たり前になってきます。大手メーカーで働きながら、週末は起業家とともにスタートアップに取り組むというケースも珍しくなくなるでしょう。**

そのために**既存企業に望むのは兼業・副業の解禁です。**愛知には製造業に従事する30歳未満の優秀な人材が何万人といます。彼らが社外のインキュベーション施設などにおいて、社外のスタートアップと活発に交流することができれば、全く異なるスキルや考え方が出会うことで様々な化学反応が起きる。**地元の企業には〝スタートアップと手を取り合って一緒に新しい産業を興していこう!〟、そんな気持ちをお互いに共有してもらいたいですね。**

国によるスタートアップ・エコシステム拠点都市の選定を受けたことで、県や市の姿勢にも本腰が入ってきました。そこで提案ですが、**地元の自治体には是非、スタートアップが開発する新しいシステムやサービス、商品を積極的に使ってほしい。**既に愛知県では自動運転のスタートアップ支援で公道での実証実験を実施していて、これと同様に他分野にもどんどん門戸を開いてもらいたい。農業や防災、環境におけるロボットなど、これからは様々な分野で新しい技術が採り入れられていく。その実験を率先して認可し、さらには役場でも実験的に導入してほしい。仮に名古屋市役所が採用しているとなれば、周辺の自治体へも広まる可能性が高まります。自治体がスタートアップに優しくなれば、双方のコミュニケーションが図れて、実用化へのスピードがグッと高まります。

近年はインキュベーションオフィスはじめ市内、県内にスタートアップ支援の施設が次々できてきました。イベントや勉強会も数々開かれているので、企業や投資家の人たちにはどんどん参加して、起業家やその候補生と交わってもらいたい。それをきっかけに少額でいいので投資をしたり、発注してもらうことから始めてもらいたい。投資には経験が必要なので、小さなところから実績を重ねながら、量と質を高めていくステップを今から踏んでいけば、この地域のスタートアップの成長にも貢献できると思います。

子どもの学びから始まるスタートアップ・エコシステム

私はおよそ20年、名古屋でベンチャーキャピタリストとしてキャリアを積んできました。少なくとも向こう10年はこの地でこの仕事を続けていくことになると思うので、世界で最も長く名古屋で投資を行ってきた人として、今後この記録は破られることはないでしょう(笑)。この経験を地域に還元するためにも、ライフワークとしてこの地域のスタートアップ・エコシステム構築に取り組んでいきたいと考えています。

その一環として取り組んでいるのが、若い世代、高校生さらには小中学生に対する教育です。小学生を対象としたイベントや高校生向けのピッチイベントなどに携わり、ニュービジネスに接する機会を設けたり、起業の啓もうを行う。こうしたプログラムには親も同伴することが多いので、親世代の起業に対する心理的壁を取り払うことにもつながります。

起業を夢見る学びがあり、起業にあたって環境、資金、人材を提供する投資家やインキュベート施設があり、企業や自治体を含めて社会全体で新しい産業を興していこうとするマインドがある。その一連の流れをつくり上げていくことが目指すべきところです。

スタートアップに優しい名古屋の気質

名古屋という街のよさは、足を引っ張る人がいないということです。自治体、大手企業、大学、みんなが温かい。まだ構想段階に過ぎないような話でも会って聞いてくれるし、人の紹介もしてくれる。自分なりのプランを持って、臆せずどんどんブツかっていってほしいですね。

名古屋はもともとモノづくりの街ということもあって、**ディープテック（最先端の研究成果をもとに社会の課題を解決する技術、取り組み）をベースにした産業が多く、スタートアップでもC（コンシューマ＝消費者）向けよりもB（ビジネス＝企業）向けのアイデアが多い。**背景に確かな技術がある産業はこの地域では受け入れられやすいし、採用してくれる候補となる企業も数多くあり、大きく伸びる可能性は高いでしょう。そういうビジネスが小さくてもいいのであちこちで芽吹いている、そんな状況が未来の理想的な姿。２０３０年の名古屋は、スタートアップにとって間違いなくいい街になっていると思いますよ！

牧野隆広さん

（ミライプロジェクト 代表取締役）

1968年、名古屋市出身。名古屋大学教育学部卒。電通国際情報サービス、マイクロソフトで営業として中部圏の大企業顧客を担当。インスパイアで投資ファンドの運営と経営コンサルティングを経験して2年後に独立。名古屋発ベンチャーのエイチームをコンサルおよび取締役として飛躍の推進力となる。2013年、ミライプロジェクト設立。デイサービス施設や不動産経営の一方でスタートアップ支援に尽力する。2019年には名古屋大学の教授、学生とアイクリスタルを起業。

藤田 豪さん

（MTG Ventures 代表取締役）

1974年、秋田県秋田市出身。明治大学経営学部卒。ベンチャーキャピタル最大手のJAFCOに入社し、名古屋に配属。2013年には同社中部支社長就任。2018年、MTG Ventures代表取締役就任。中部ニュービジネス協議会副会長、名古屋大学大学院情報学研究科客員准教授、なごのキャンパス・メンター、NAGOYA INNOVATORS GARAGE 運営委員など各種スタートアップ組織に名を連ねる。

2つのスタジアムで名古屋をスポーツコミュニティタウンに

大《おお》社《こそ》啓《ひろ》二《じ》さん
（日本ハム株式会社　相談役）

北海道日本ハムファイターズのオーナーとして、地域に愛されるプロ野球球団の経営・運営に携わってきた大社啓二さん。プロスポーツチームは、地域社会にとってどんな役割を担っているのか？　そして名古屋では、スポーツと市民のどんな関係性が理想となるのか？　開拓者として球団と共に地域社会に向き合ってきた経験から思い描く、近未来の名古屋のプロスポーツのあるべき姿とは――？

東京から札幌へ。企業球団から地域球団へ

ジェット風船を飛ばし応援に熱が入る札幌ドーム（球団提供）

北海道日本ハムファイターズは、2003年に北海道を本拠地に設立され、札幌ドームをフランチャイズ球場として2004年から参戦しています。単に東京から北海道への本拠地移転ではなく、この機会に球団経営の変革を計り、新球団としての出発としたのです。

新球団のテーマは、**地域社会との共生と共栄に務める「地域球団経営」への転換でした。従来の親会社の広告看板としての「企業球団」からの脱却を計ったのです。**

北海道日本ハムファイターズの前身となる日本ハムファイターズの誕

生には、創業間もない日本ハム㈱の経営戦略がありました。日本ハム㈱は、1963年に大社義規が創業した徳島ハムと和歌山県の鳥清ハムが合併し誕生した会社です。当時、業界で売り上げ3・4位の合併で、一躍業界売り上げ1位になりました。近年では、企業買収や合併はさほど珍しくはありませんが、当時としては非常にセンセーショナルな企業合併であったと聞いています。しかし関西の企業同士の合併であるために、全国的な知名度は、あまり高くはありませんでした。日本を代表する企業を目指して首都圏市場への進出を目論む大社義規日本ハム社長（当時）は、1973年に周囲の反対を押し切って、プロ野球球団を買収しました。抜群の広告効果を期待できることに加えて、上場会社として青少年に健全な娯楽を提供したいという思いがあったようです。

当時は、牛肉の自由化や食の洋風化の影響もあり、ハム・ソーセージの市場は好調で、業界全体が2ケタ近い成長を続けていました。日本ハム㈱もプロ野球球団買収を機に業界の伸び以上に大きく売り上げを伸ばし、念願の日本の食品産業を代表する企業へと飛躍していきました。球団買収は、その広告効果を最大限に活かし日本ハム㈱の成長戦略に見事にハマりました。正しく親会社のための「企業球団」と言えるでしょう。

ところが、会社の業績が右肩上がりを続ける一方で、球団は30年間でリーグ優勝1回だけで、Bクラスに低迷することも少なくなく、人気においても12球団中、下から1、2番目の状況でした。球場でのファンサービスに力を注ぎ、いくつもの話題を提供するも集客に結びつかず、誰よりも球団を愛する大社義規オーナーの思いとは裏腹に、球団経営の赤字は増える一方でした。日本ハム㈱の著しい業績伸長と全国的に知名度が高まったことにより、球団は、広告看板としての役割を果たした。もう手放してもいいのではとささやかれ始めていました。

順調に業績を伸ばしていた日本ハム㈱でしたが、2002年にグループ会社にて発覚した牛肉偽装事件により、業績の悪化だけでなく会社のイメージも著しく傷つき、社会からの信頼を大きく損ないました。球団経営の変革を考え再出発の準備をしていた矢先のことであり、新生日本ハムグループの象徴としての存在となる必要に迫られました。そこで、北海道を本拠地として新たな価値をもたらす球団へと経営改革に挑んだのです。

新しい価値観を表明する企業理念『SPORTS COMMUNITY』

北海道を本拠地として新たに生まれた北海道日本ハムファイターズは、新たな価値をもたらす存在となることを目指しました。それを表わす企業理念として『SPORTS COMMUNITY』を掲げました。「スポーツが身近にあるまちづくり」を意味しています。

野球に限らずスポーツの持つ「観る」「する」「支える」三つの機能を活かした「地域球団」として、**地域社会との共生と共栄に務めることとしました。**

2023年3月の完成を目指し、北海道北広島市内に開業を予定している日本ハムの新本拠地球場「エスコンフィールド北海道」の完成予想図（球団提供）

「観るスポーツ」は、**ファンの皆さんに楽しんでもらえる試合の提供**により、球場への来場者が増え、公共の交通手段の利用、球場の周辺への商業施設の誘致など、地域経済の活性化に貢献します。「するスポーツ」は、学校の体育とは異なり、自分の好きな種目を選んで生涯にわたり健康を育み、**スポーツをすることを楽しむことです。**北海道日本ハムファイターズでは、ベースボールアカデミー、ダンスアカデミーを運営し、OBやファイターズガール（チアリーダー）による指導が行われています。

「支えるスポーツ」は、本来はスタジアムなどのスポーツ施設の環境整備や有効活用、スタジアムビジネスにあたりますが、北海道日本ハムファイターズでは、日本ハム㈱との連携により、**食とスポーツで健康を育む（支える）**として、日本ハム㈱中央研究所の公認スポーツ栄養士による選手の食事栄養指導と共に地域社会の皆さんのために健康な食生活や食育の指導の場を設けています。

「観る・する・支える」のスポーツの三つの機能は、将来のビジネスチャンスをもたらすものではありますが、一方で会社、学校、家庭等のあらゆる場所で職業や年齢や性別の垣根を超えて、スポーツを話題に食事栄養も含めて多様なコミュニケーションやコミュニティを生み出します。このようなスポーツの持つ機能は、競技種目を選ばず、あらゆる人や地域社会の活性化をもたらすものであり、スポーツを公共財と呼ぶに相応しい機能と言えるでしょう。

食の大地、北海道の地域経済に活性化をもたらす「食とスポーツ」をテーマとした球団の事業や社会活動は、親会社である日本ハム㈱に対して業績への貢献だけでなく社会的な評価を高め、新たな企業価値をもたらすものと考えました。「地域球団」であっても最大のスポンサーである親会社への貢献は不可欠であり、広告看板機能以上の新たな価値の提供を果たす必要があるのです。

「地域球団」への転換を目に見えるカタチで表したのが株主構成です。日本ハム球団㈱は、日本ハム㈱が１００％の株式を所有する完全子会社でしたが、北海道日本ハムファイターズ㈱として北海道に本拠地を移し、「地域球団」としたことを機に札幌ドーム、北海道新聞、サッポロビール、北海道銀行、北洋銀行、北海道電力、北海道ガス、ホクレン、商工会議所という北海道を代表する企業や団体に資本参加していただき、北海道に支えられる球団としました。余談ですが、株主構成が変わっても、日本ハム㈱が、球団経営責任企業として変わらないことから、新規参入球団としての手続きの必要がありませんでした。あくまでも本拠地移転でしたが、これを機会に球団経営改革を実行に移しました。地域社会が最大のステークホルダー（利害関係者）であるという認識を球団と双方が自覚することが重要と考えました。

企業理念を『BASEBALL COMMUNITY』ではなく『SPORTS COMMUNITY』としたのは、四季を通じてあらゆるスポーツを身近に楽しめる北海道ならではの理念として、他のスポーツ団体と連係して全ての道民の皆さんと共に「まちづくり」に取り組もうとしたからです。

『SPORTS COMMUNITY』という**球団の企業理念は、球団が目指す姿を広く社会に示すために不可欠なものです。その理念の実現のために何をすべきか？　球団オーナーが方向性を示し、球団経営者が〝見える化〟することです。**球団職員はもちろん、球団の活動に関わる人達が、球団が目指す姿を共有する必要があります。また**地域社会の人にとっても、自分達に何がサポートできるのかを考えてもらい、監視役になってもらうことにもなるのです。**

球団の特徴を活かし、巨人依存からの脱却
球団の持続可能な存在価値を示す

今のパ・リーグは、強いチーム作りはもちろんのこと、徹底したファンサービスに取り組み、観客動員数において着実に成果を上げています。また地域密着球団経営を標榜し、本拠地の地域社会への貢献を図り新しいファン作りのための基盤作りにも努めています。以前から実力のパ・リーグと言われるものの、巨人の全国的な人気により、巨人との対戦カードで多くの集客や高いＴＶ視聴率を得られるセ・リーグに比べて、人気の劣ったパ・リーグの球団は、慢性的に苦しい球団経営に陥っていました。

水面下では、プロ野球界の活性化と称して1リーグ制が模索され、２００4年の近鉄バッファローズとオリックスブレーブスとの球団合併を機に球界再編の議論が表面化しました。パ・リーグの存続が危ぶまれたことをきっかけに、新たな球団経営に取り組む動きがパ・リーグの球団から始まりました。

その起点となったのは１９８9年に誕生した福岡ダイエーホークス（現福岡ソフトバンクホークス）ではないでしょうか。大阪を本拠地とする南海ホークスをダイエーが買収。かつて西鉄ライオンズが本拠地として、多くの野球ファンが残る福岡へ本拠地を移し、福岡ダイエーホークスとして地域社会を意識した徹底したファンサービスに取り組み中長期的なチーム作りによって成功を収め、現在の福岡ソフトバンクホークスに引き継がれています。そのことに触発されて、パ・リーグ各球団は、ファンサービスの徹底と親会社に依存しない球団経営を模索し始めました。

北海道に本拠地を移した北海道日本ハムファイターズは、地域密着球団としての再出発に成功し、新規参入の東北楽天イーグルスもまた地域密着球団経営を掲げて成果を上げています。千葉ロッテマリーンズ、埼玉西武ライオンズ、大阪オリックスバファローズもそれに続き、パ・リーグの球団経営は、チーム名に本拠地を掲げて地域社会との有効な関係づくりを基盤とする球団経営に取り組んでいます。

一方セ・リーグは、巨人戦の対戦カードやTV放映権料で大きな収入を得て、経営的に恵まれていたこともあり、変革を模索する必要に迫られず巨人戦依存の球団経営と言われても仕方がない状況でした。球団経営がある程度安定していることで、ファンサービスは選手任せで、試合の勝ち負けに集中する傾向にあったのではないでしょうか。脱・巨人の球団経営は、その権益から離れることにもなり、球団の死活問題となったのでしょう。よっていやおうなしに巨人の意向を意識した球団経営とならざるを得なかったのではないでしょうか。

中日ドラゴンズ、阪神タイガースという、歴史があり、地域性、独自性の高い球団においても、巨人戦は様々な収益や価値をもたらすものでしょう。球団経営において価値の高い対戦カードや試合をひとつでも多く持つことは経営の安定に適うものです。しかし、**他球団の価値に委ねる球団経営では、持続性や独自性に欠けることは明らかです。**持続性の高い球団とは、試合の提供（興行）以外にも価値をもたらすことができ、地域社会と双方に影響力を持ちあう存在です。それが北海道日本ハムファイターズの目指す地域密着球団であり、パ・リーグの球団が、将来的に求める経営ではないでしょうか。

セ・リーグの中で、広島カープは、２００９年マツダスタジアムの完成を機にスタジアムビジネスを見事に取り込み、球団経営の変革に成功して更なる市民球団化を進めています。巨人との対戦カードや放映権料だけに頼るのではなく、その権益を活用出来る球団経営を実践しているのです。広島市を中心とした地域社会に支えられ、地域社会の期待に応える存在としています。

新規参入から歴史の浅い横浜ＤｅＮＡベイスターズも創設以来、従来の球団経営からの脱却に努めて、地元横浜を中心に地域密着球団経営に取り組み、徐々に成果を上げているようです。

セ・パ共にファンサービスの重要性に気づき、その充実を球団を挙げて取り組み始めています。そして**地域密着の掛け声は聞こえてきますが、具体的な活動にはまだバラツキがあるように思います。それには、親会社、オーナーシップとの関係が大きな影響を及ぼしているのではないでしょうか。**

ファンを生み出す地域社会
株式会社　中日ドラゴンズの社会的役割とは

２００６、０７年の二度の日本シリーズでの対戦でＪＲ名古屋駅からナゴヤドームまで公共交通機関を利用した時に、ＪＲ名古屋駅周辺や街なかにドラゴンズの旗や日本シ

2006年9月27日、リーグ優勝祝賀会の様子（球団提供）

リーズを応援するポスターをほとんど見かけなかったことに驚かされました。

数々の名選手を輩出し優勝経験もある伝統的な球団であり、当時は落合監督の下で常勝チームでしたが、その地元開催の日本シリーズの意外な光景でした。さすがにナゴヤドームの中は、ドラゴンズファンで溢れており、独特の雰囲気の中で熱い応援を繰り広げていました。

球団やドラゴンズは、地域社会の中でどのような存在なのでしょうか。中日スポーツ、中日新聞のスポーツ面の試合に関する以外に、どのような場面で㈱中日ドラゴンズやドラゴンズを見出すことが出来るのでしょうか。

プロ野球のファンは、野球場でコミュニティを形成し、野球の試合を通してコミュニケーションを図ります。そしてそこで次世代のファンが育まれていきます。したがって球場では、様々なファンサービスがくり広げられているはずです。ドアラのパフォーマンスもファンの楽しみのひとつでしょう。ファン＝最大のステークホルダーという姿勢は、素晴らしいことだと思います。試合の提供をはじめとするすべてのサービスが、球場で始まり球場で終わります。集客型サービス事業としてディズニーランドと同様に適切なカタチであると思います。しかしスポーツを、プロ野球を、公共財として考えるならば、球場のファンだけでなく、地域社会の皆さんへの貢献やサービスの提供を図る活動も必要ではないでしょうか。**球団が地域社会を意識した社会性を有した経営に務めることにより、地域社会からの支持に加えて地域社会にてファンの育成が図れるのではないでしょうか。**

ドラゴンズの球団の歴史は、1リーグ時代1936年名古屋軍に遡ります。その球団の歴史からしても、知名度においては、愛知県や周辺の地域社会において十二分に行きわたっているはずです。ようするにドラゴンズを知らない人はいない状態です。しかしその歴史の中で球団の活動が、プロ野球の試合の提供（興行）に止まっていることから、認知度においては、プロ野球球団としての理解に止まり、当然好感度もファンの中での優勝の有無、勝敗、ファンサービスの評価となるのではないでしょうか。

プロ野球及び球団が、単に娯楽を提供（興行）する会社から、社会的影響力を有する存在になっていることは、先の球界再編成の出来事が社会を動かしたことからも明らかです。㈱中日ドラゴンズは、社会性を有する球団経営への転換の時期にきているのではないでしょうか。

地域を挙げてアスリートを支え、アスリートは地域に貢献する

日本のプロ野球選手がメジャーリーグでプレーする機会がずい分増えてきました。それも一流選手として迎えられ、優れた成績を残している選手も少なくありません。にもかかわらず、未だに一流選手の流出によって日本プロ野球界が衰退すると、目先の現象にとらわれて否定的に考える球団オーナーや球団経営者がいるようです。

プロ野球選手個々の思いは微妙に異なるでしょうが、プロ野球にドラフトされる選手たちは、一試合でも出場機会を増やすことから始まり、高い評価（＝報酬）を得ること、恵まれた環境でプレーをすること、多くのファンからの声援をもらうことを目指すものだと思います。優先順位はともかくとして、その思いが力となり高度に魅力的なプレーで私たちを楽しませてくれています。日本の野球少年が日本のプロ野球で活躍することを夢見ることと、日本のプロ野球選手がＭＬＢでのプレーを目指すことに何の違いもありません。実力を評価され、チャンスを活かしてＭＬＢで活躍する日本のプロ野球選手を見て、野球を始める子供たちが増えることが十分に考えられます。

大谷翔平選手がファイターズに入団したのは、ＭＬＢでプレーするための最適な過程と彼自身が判断したからであり、球団もその意志に沿って二刀流への挑戦、ＭＬＢでの活躍の為の育成のプログラムを組みました。

日本のプロ野球球団入団後のＭＬＢへの移籍の最短ルートであるポスティング制度は、当該選手の入団後の成績を前提としてなど、球団に主導権があります。選手本人との話し合いにより、選手の夢を叶えると同時に球団に経済的なメリットをもたらします。北海道日本ハムファイターズは、設立当初から選手の希望と成績を前提にＭＬＢへの移籍を受け入れる方針であり、既にダルビッシュ有や大谷翔平など複数の選手をＭＬＢに送り出しています。また「スカウティングと育成」というチーム編成方針により、次代の選手の獲得・育成の計画との連動を図りやすくなります。選手の将来の希望を話し合える関係に基づいてＭＬＢに送り出せば、貴重な経験を積んだ選手として、あるいは指導者として再びチームに戻り貢献してくれることもあるでしょう。最近の例では、ヤンキースから広島カープに戻った黒田博樹投手は、正しくそれに当てはまります。このような関係に基づく選手の移籍や復帰には、ファンは温かく応援してくれ、引退後も球団のレジェンドとして貢献してくれる存在となるでしょう。その選手が地元出身者なら最高です。

北海道日本ハムファイターズの求める選手像では、「スカウティングと育成」というチーム編成方針に基づき、①野球での成功⇩先ずプロ野球選手として認められる。②ファンへの感謝⇩自分を支えてくれるファンへのサービス。③社会貢献に努める⇩ファンや地域社会へのお返し（還元）を求めています。

さて球団がドラゴンズの選手たちに求めるものは、何でしょうか？

種目は違いますが、愛知県には、名古屋のスケートリンクから浅田真央さんをはじめとして、多くのスケーターが世界へ羽ばたきレジェンドと化したアスリートがいます。しかし、そのアスリートたちとリンクのある地域（地元）社会とのＷＩＮ＝ＷＩＮの関係が見えてきません。他の地域や競技でも同様な状況が見られます。日本のアマ・スポーツ界全体が抱える課題だと思います。

アスリートとしての活躍を目指す選手の支援を家族や所属団体だけにまかせて、その競技が大きな感動をもたらしても、競技生活が終われば普通の人に戻るパターンが多く見られます。しかし、スポーツ施設環境の整備など地域社会全体でアスリートを世界へ送り出そうと支えれば、競技の一線を退いた後に真っ先に支えてくれた地域社会に貢献してくれるでしょう。

愛知県名古屋市では２０２６年にアジア競技大会が開催されます。今からでも、アジア大会に自分たちの街やスタジアム・アリーナから○○選手を送り出そう！　と気運を高めていくことが必要ではないでしょうか。そして名古屋市は、アスリートを輩出し続ける設備や施設・環境がオリンピック憲章に謳われるレガシーを保持するスポーツ都市となることを宣言し、地域社会の皆さんと協働を図ることで、「スポーツコミュニティタウン名古屋」として生まれ変わるのではないでしょうか。

スポーツコミュニティの象徴として ナゴヤドームのレガシーとしての最適化 ドラゴンズ専用のボールパークスタジアム

スポーツの公共財としての機能を活かして地域社会（コミュニティ）に暮らす人たちの生涯の健康を育む場を提供し、街を活性化する「スポーツによるまちづくり」。その象徴となるのがスタジアム（競技場）です。城下町のお城の存在です。

「スポーツによるまちづくり」の象徴としては、ナゴヤドームが思い浮かびます。現在のドラゴンズの主催試合に限らず、**観る・する・支えるのあらゆるスポーツが、一年中楽しめる「スポーツコミュニティドーム」とするのです。**

一方ドラゴンズは、ナゴヤドームとは別に、プロ野球観戦に最適なお客様の観戦環境や選手のプレー環境を整備した専用球場を新たに建設します。ドラゴンズの試合を最高のエンターテイメントとして楽しんでもらえる「ドラゴンズボールパークスタジアム」です。広島カープのスタジアムが、ボールパークビジネスとして成功していることから、天然芝の屋外球場が理想的です。

名古屋にふたつのスタジアムを擁するという構想は、親会社である中日新聞社が、「スポーツによるまちづくり」の構想を示し、㈱ナゴヤドームと中日ドラゴンズ㈱が、それぞれに存在意義の再定義を図ることが大前提となります。それぞれに自立経営へと取り組んでいくことのきっかけにもなるのではないでしょうか。

私の理想を元に話を進めてきましたが、実現性を優先すれば、スポーツコミュニティの象徴としてナゴヤドームが存在し、今以上に様々なスポーツ競技が開催され、地域社会の人達がスポーツを楽しむ場として生まれ変わることが現実的でしょう。その中心にナゴヤドームをフランチャイズ球場とするドラゴンズが存在することになります（ドラゴンズの試合をより楽しむためには、ドラゴンズの専用球場構想は、捨て難いですが）。他のプロスポーツ団体として、Jリーグクラブ、bリーグクラブが存在しますが、名古屋市にとどまらず愛知県という地域を俯瞰してみると、地域をひとつにする力があるのは、歴史的に見てもドラゴンズでしょう。ただしドラゴンズが、オールスポーツの中心となるためには、ファンからだけでなく地域社会からの理解と支持を得られるように㈱中日ドラゴンズが、社会性を取り込んでいくことが必要です。そしてナゴヤドームを間接的に所有する中日新聞社が、オリンピック憲章のレガシーとなるナゴヤドームを目指すことだと思います。

アジア大会を機に「スポーツによるまちづくり」をテーマとして、球団の新たな役割と地域社会の象徴、レガシーとしてのナゴヤドームを改めて考えてみてはいかがでしょうか。

大社啓二さん

（日本ハム株式会社　相談役）

1956年、名古屋市生まれ。中央大学法学部卒。80年、日本ハム入社。96年社長就任。現在は相談役。05年に北海道日本ハムファイターズのオーナーに就任。12年から16年までオーナー代行。1993年よりＪリーグクラブのセレッソ大阪の創設に加わり取締役を務め、19年より一般社団法人セレッソ大阪スポーツクラブの理事を務める。

文化

最新テクノロジーを駆使した「絶滅動物園」で名古屋をSDGs先進都市に

佐々木シュウジさん
（コンテンツ・プロデューサー）

「絶滅動物園」。この刺激的なタイトルのプロジェクトの提唱者であるコンテンツ・プロデューサーの佐々木シュウジさん。２０１６年には写真集『東山絶滅動物園』を出版して注目を集めた。絶滅危惧動物をキーワードに環境問題にスポットを当てるこのプロジェクトが目指す、２０３０年の名古屋の環境、そして「絶滅動物園」の形とは一体どんなものなのだろう？

動物が絶滅する原因は私たち人間

絶滅動物園プロジェクトは15世紀末の大航海時代から現在まで続く『第6の大絶滅期』と言われる時代に地球上から姿を消した動物、また今まさに絶滅の危機に瀕している動物（絶滅危惧種）を通して、動物のこと、環境のこと、地球のこと、さらにはこれからの子どもたちのこと、ライフスタイルなどについて考えるプロジェクトです。

なぜこうした動物たちから、環境や地球のことなどを考えることができるのか？　それは彼らが絶滅した、あるいは絶滅寸前に追い

「絶滅動物園」のイメージ図。MR技術を前提とし、お客はヘッドマウントゴーグルを装着し、歩きながらリアルスケールの絶滅種の動物を360度どの角度からも見ることができる。イラスト内の絶滅種動物はステラーカイギュウ（右手前）、フクロオオカミ（右）、エピオルニス（左）、クアッガ（左奥）など

やられている原因こそ私たち人間だからです。人間が世界を侵蝕して増え続けていく過程で、動物たちは棲む場所を追いやられ、破壊され、搾取されて数を減らし、絶滅したのです。大航海時代の人口は5億人。それが今では76億人、２０５０年には１００億人に届かんとする勢いです。**今、人間のふるまいを変えなければ最終的には人間にしっぺ返しが来る。**ではそれを回避するためにはどんなライフスタイル、ライフビジョンを描けばいいのか？　動物たちをきっかけに、20〜40代の親世代に感じてもらいたいプロジェクトなんです。

既存の動物園の〝見せる〟役割を代替する
オルタナティブＺＯＯ（＝もうひとつの動物園）

野生の動物たちがどんどん数を減らし続けている中、動物園の役割は、従来の〝見せる〟から〝種の保存〟へとシフトしています。これを最優先のミッションとすることで、今後は動物たちの展示を制限することも必要となってくる。例えば、ゴリラが見学できるのは週に3日だけにするなどし、**動物たちの健康や繁殖を最優先させるという措置がいずれ常態化するとも考えられる。そうなった時に、〝見せる〟役割を担う代替となるもうひとつの動物園があった方がいい。**それを最新テクノロジーを駆使して実現するオルタナティブＺＯＯが『絶滅動物園』です。

５Ｇのネットワーク、８Ｋ、曲面ディスプレイ、ＶＲ、ＭＲ、ＡＲ、ＣＧ、センシングなどのテクノロジー。これらを活用して、今はもう見られない絶滅した動物や、現実にはない組み合わせの動物を展示することで、動物を通した学び、新しい価値観を提供する集客型コンテンツ。それが絶滅動物園です。

具体的な展示内容は例えばこんな感じ。絶滅したエピオルニス（17世紀に絶滅した史上最大の鳥類）のひなを映像で蘇らせて名前をつけたり見学者1人1人が育てていく……スマホでチケット・飼育履歴を管理して回数を重ねるたびにいろんな動きや表情を見せてくれるとか……。実際には生息場所が違うアフリカゾウとアジアゾウ、ニシゴリラとマウンテンゴリラが同じ場所で暮らしている世界を創出して、大きさや顔つきなどの違いをより分かりやすく観察してもらう。地球上に2体しか生存していないキタシロサイ、そのケニアの保護区と映像をつないで毎日生存確認しながら子どもたちに応援してもらい、命の大切さを学んでもらう……。**生きた動物はいないのだけれど、楽しく、感動的で、エンターテイメント性あふれた動物園。**こういう施設をつくることは現代の技術であれば十分に実現可能です。このようなバーチャルな動物園がエンタメ性の部分を担うことができれば、リアルな動物園のスタッフは種の保全に専念できるし、一般見学者向けの開園日を限定できれば経費も削減できる。ウイン・ウインの関係を築けるし、動物園の価値もむしろ高まると思います。

この絶滅動物園を、例えば２０２７年竣工予定の名古屋駅の名鉄の新ビルの最上階につくることができたら、名古屋は動物、環境保護というキーワードを全国、さらには世界に向けても発信できるんじゃないでしょうか。

悲しいニュースを見て大人になる子どもたち
タイムリミットは2030年

動物を通して世界の環境を考え、そのために私たちの生活スタイルも変えていく。地球環境を守るためには2030年がギリギリのタイムリミットです。2050年ではもう間に合わない。

2050年には、今10歳の小学生が40歳になり、今の自分と同じ10歳くらいの子どもがいるかもしれない。それまで彼らはどんな30年を過ごすのか？　**例えばアマゾンのジャングルは激減し、北極海の氷も2050年夏には消失してしまうと言われている。その中で、野生のホッキョクグマがいなくなり、動物園でもゴリラやラッコがいなくなるかもしれない。**海の中では、ゴミは生物よりも多くなり以後も増え続ける。海水面が上昇して世界各地の島や陸地が水没する。巨大台風、水害、干ばつと言った自然災害など世界中から悲しいニュースが絶え間なく届く。そういう時代の中で、今10歳の子どもたちは大人になっていくんです。彼らには何も罪はない。私たち大人がこういう世界にしてしまったんです。彼らの親世代である30、40、50代の我々が、今から本気で何かを変

佐々木さんがガイドを務める絶滅動物園ツアーの様子

えていかなければなりません。

私は東山動植物園や豊橋市ののんほいパークで『絶滅動物園ツアー』を何度か開催しているのですが、いつも「親御さんも一緒に参加してください」と呼びかけています。人気者・シャバーニのニシゴリラ、ゾウ、サイ、ライオン、チンパンジー……。目の前にいる動物たちがそう遠くない将来いなくなってしまうかもしれない。〝絶滅〟という言葉が理解できなくても、子どもたちはすごく悲しそうな顔をします。その時に、パパやママがきちんと絶滅の意味やどうしたらいいかを教えてあげられることが重要で、絶滅動物園はそれを考えるきっかけになるんです。

絶滅危惧種保有数日本一の東山動植物園
〝種の保全保護〟でも断然日本一

絶滅動物園はもともとたった2人という少人数で始めたプロジェクトで、２０１０年からいろいろな企業などに提案してきました。コンセプトにはみんなすごく興味を示し、絶賛してくれるのですが、資金の話になるとそこで止まってしまい、なかなか具体化にいたらない。そこで、何かひとつ形あるものをつくって『絶滅動物園』という名前をデビューさせようと思って、自費出版で作ったのが写真集『東山絶滅動物園』でした。

東山動植物園は、写真集の第1弾の撮影対象としても最適でした。なぜなら、日本で最も絶滅危惧種を数多く保有する動物園だからです。**５００種以上を飼育するうちのおよそ１３０種が絶滅危惧種で、そのほとんどを一般見学者向けに展示している。**飼育種が一番多い東京の上野動物園ですら約６００種のうち絶滅危惧種はおよそ90種、うち東山に続いて出版した『上野絶滅動物園』に掲載しているの

東山
HIGASHIYAMA
絶滅
動物園
シャバーニの仲間も
もうすぐこの地球から
絶滅するかもしれない！

2016年に出版した写真集
『東山絶滅動物園』
文：佐々木シュウジ
写真：武藤健二
三恵社

は59種です。種の保全保護が現代の動物園の最優先のミッションだとするならば、東山動植物園は断然、日本一の動物園なんです。

ゴリラ、オランウータン、チンパンジーが揃っているのは国内の動物園でも珍しく、人気ベスト10の常連であるゾウ、キリン、ライオン、トラ、サイなどもすべて揃っていて、人気者でいないのはパンダくらいです。コアラも国内トップクラスの繁殖実績があり、コアラをはじめ有袋類の繁殖に関しては世界的にも認められる存在です。世界のメダカ館も一見地味ですが種の保全という点では群を抜いた研究・飼育実績を持つ素晴らしい施設です。

地元の人は身近すぎるからなのか当たり前だと思ってしまっていますが、世界に誇り得る動物園と言って間違いない。名古屋は東山動植物園という素晴らしいリアルな動物園があるからこそ、最新技術でエンターテイメント性あふれる、かつ学びのある『絶滅動物園』をつくる意義もあると思うんです。

カフェでコーヒーを飲みながら地球環境を考えるコーヒーズー

また別の方法で動物と環境のことを考えるきっかけにしてもらおうと始めたのが『コーヒーズー』というプロジェクトです。

コーヒーズーの絶滅種・絶滅危惧種のカード。参加する喫茶店、カフェにそれぞれ一種類ずつのカードがあり、カードをコレクションするために飲み歩く楽しさもある

これはジャイアントパンダやキリン、ライオン、フクロテナガザルなど絶滅危惧種の動物のカードをつくって、それぞれの動物をテーマとしたオリジナルコーヒーを全国各地のスペシャルティーコーヒー専門店につくってもらい、コーヒー代に寄付金を乗せてカードと合わせて販売するというもの。売上はレッドリストを管理する国際自然保護連合に寄付します。初回は２０１９年11〜翌３月で、カード26種類＝26店舗で開催。合わせておよそ１００万円の寄付金が集まりました。単に〝寄付しましょう〟では共感を得られにくかったり、振り込みの手間が面倒がられたりして、なかなか具体的なアクションにはつながりにくい。その点、コーヒーズーは**カフェでコーヒーを飲むという日常の楽しみを通して動物の命を守る活動に参加できる。**「楽しい消費・おいしい消費」×「絶滅動物園」＝社会貢献。喫茶店、カフェの方たちの協力があってこそのプロジェクトです。

２０１０年に名古屋でＣＯＰ10（生物多様性条約第10回締約国会議）が開催されました。その際に設定された愛知目標の最終年となる２０２０年には『あいち・なごや生物多様性ＥＸＰＯ』が開催され、10年前に掲げたミッションは残念ながら達成できたとはいえなかった。しかし、２０３０年に向けた目標をあらためて設定し、２０１０年に名古屋でみんなが考えたシード（種）を育てながら今も取り組みは続いています。**２０３０年にＳＤＧｓ先進都市・名古屋となっているためにも、みんなが自然への思いやりを膨らませていきたい。**だからといって〝地球環境を守ろう！〟と声高に叫んでも人々の心には響きません。私たち１人１人が日常で使うモノ、身につけるモノなどに気を配りながら暮らしていく。それが絶滅動物園のコンセプトを広めていくエンジンにもなる。名古屋駅に『絶滅動物園』という館ができればそれに越したことはないですが、それにも優るような多様なサービスやコンテンツに『絶滅動物園』の概念を広めていきたいのです。

佐々木シュウジさん

（コンテンツ・プロデューサー）

1965年、愛知県豊橋市生まれ。愛知大学法経学部法律学コース卒。名古屋の広告代理店、NHKの関連会社を経て、2003年に独立してコンテンツ・プロデューサーに。番組・広告制作のキャリアやプライベートでの旅の経験やネットワークを活かして、多彩な映像作品や書籍を企画制作する。2016年に写真集『東山絶滅動物園』を、19年に『上野絶滅動物園』を出版。スコッチウイスキーをこよなく愛し、『SINGLE MALT WISKY TRIP』の著書もある他、2017年より開催しているウイスキーの祭典「ウイスキーラバーズ名古屋」の発起人の1人。

お土産は観光大使。いいデザインなら名古屋のイメージを高めてくれる

平井秀和さん
（グラフィックデザイナー）

ういろうや守口漬、きしめんなど、名古屋名物の商品パッケージを数多く手がけるグラフィックデザイナーのPeace Graphics（ピースグラフィックス）・平井秀和さん。アッと驚く仕掛けや遊び心にあふれたパッケージは商品のイメージを一新し、売り上げがV字回復した例も少なくない。名古屋の商品に新風を吹き込みヒット商品を数々生み出している平井さんのデザインの流儀、そして2030年の名古屋のデザインシーンの展望は果たして――？

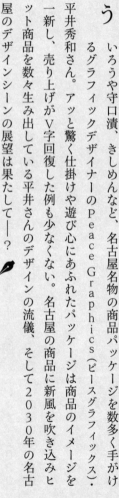

依頼主の10年後のブランドイメージを想像しデザインする

青柳総本家「ひとくち濃茶(和三盆お米のういろう)」。緑と白のういろうを市松模様のように並べ、「米」の文字で絣柄を表現している。日本パッケージデザイン大賞2017金賞、AICHI AD AWARDS 2016金賞など各賞を受賞

東京に本社がある大手デザイン事務所の名古屋支社に就職して10年ほど勤めていました。仕事自体は今と同じくデザイナーで、広告のポスターなどを手がけていました。仕事は面白かったんですが、ひとつジレンマを感じていたのが、クライアントにとって最善と思われる策を必ずしも優先できないケースがあること。基本的に広告代理店経由で仕事を受

けるので、広告を打つよりも商品をよくする方が先決だと思っても、そんなことを言ったら悪いかなと思うわけです。

また在籍していた会社は、やっとデザインができるようになった頃に管理するポジションに回らないといけなくなる。僕はずっとモノをつくっていたかったので、同業者で先に独立していた妻の仕事場の横に、自分も机とパソコンを置かせてもらって独立することにしました。

大事にしているのはクライアントにとって、今、何が一番必要か？を話し合って見つけていくこと。例えば、ロゴや名刺などのグラフィックをカッコよくしたいという要望に対して、それがその会社に必要とは思えなくて、素人っぽくても自分たちでガンバってつくりました！という方がいい、と提案したこともあります。パッケージをつくりたい、といわれても「そのままの方がいいですよ」と提案して、時間を割いて相談を受けただけで終わっちゃうこともある。僕としては〝デザインしないという選択をデザインした〟つもりなんですが、デザイナーはモノをつくって納品しないとお金にならない。相談ごとだけで終わっちゃうケースも多く、困ったなぁと思っています（苦笑）。

ういろう、守口漬など老舗のパッケージデザインで売上アップ

名古屋名物と呼ばれるものを最初に担当することになったのは、２００８年の青柳総本家が最初です。僕、もともとういろうが大好きなので、声をかけていただいた時はうれしかったですね(笑)。新商品「名古屋　生サブレ」のパッケージデザインの仕事で、洋菓子だけど和菓子店に並んでいても違和感がないものを、というリクエストでした。そこに、おもたせをイメージして箱の５面を立体的に活かしたものを考案しました。続く「名古屋かるたういろう」は既存の商品のリニューアルで、これはまさに**10年後の青柳ういろうのイメージまで考えてつくりました。**青柳さんは昭和の頃に完全無菌のオートメーション工場を売りにしていたので大量生産品みたいに見られちゃっているところがあるんですが、製造現場を見せてもらうと実は結構レトロ。意外と昔ながらの手づくりの良さも守られている。これから10年先に大きなメーカーじゃなく大きな和菓子屋という位置づけにしようと考えました。そして、それを伝えるためにちょっとレトロで親しみやすい絵柄を取り入れました。また、「青柳ういろう　ひとくち　濃茶・和三盆」はより材料にこだわった商品なので、２種類のういろうの緑・白の２色で市松模様をつくり落ち着いた高級感が伝わるパッケージをつくりました。

守口漬の大和屋守口漬総本家は２０１２年からいくつかの商品パッケージを担当しています。依頼をいただいた時は「味には自信があるが、駅のおみやげ物売り場での売り上げが伸び悩んでいるので何とかしたい」という相談でした。この時は**「パッケージだけ変えても売れないですよ」と言いました。**長い守口大根を切って食べるというのは今の人は手間だと感じるし、味も主張が強い。「味をマイルドにできないんですか？」としつこく言ったんですが、「味は変えられない」とそこは断固として譲らない。そんなやりとりをくり返しているうちに、刻んで小分けにした生ふりかけというアイデアを持ってきてくれた。これだと味を変えたわけじゃないのに、細かくした分、味の印象がマイルドになるんですね。そこで、原料の守口大根の長さを伝えるために細長いパッケージにして、色はカラフルじゃないけど目立つように金と茶色の2色にしました。こうして生まれた新商品「守口漬生ふりかけ」は名古屋駅のキヨスクで大々的に展開してもら

1

2
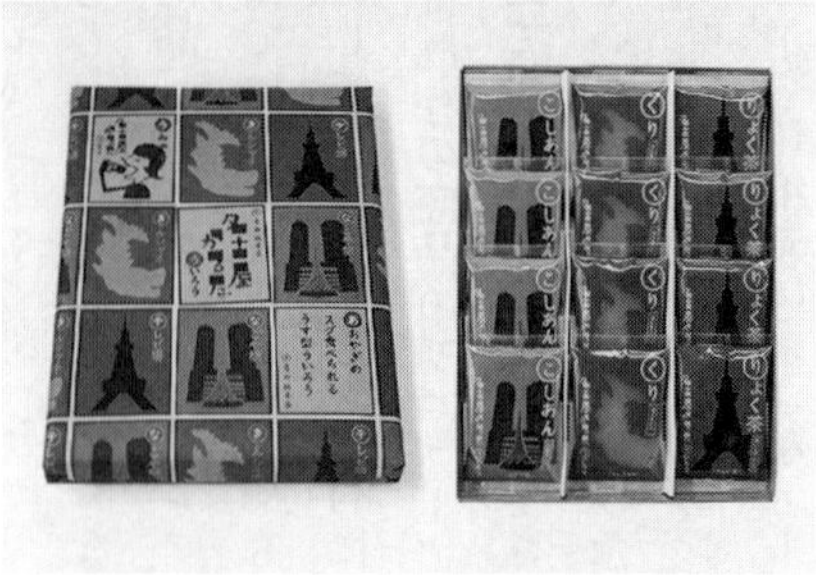

1 青柳総本家「名古屋 生サブレ」。箱の5面を使っておもたせを表現

2 青柳総本家「名古屋かるたういろう」。薄くて食べやすい個包装のういろう。かつては青柳総本家のトレードマークの柳の模様だったが、金鯱やテレビ塔などを描いたちょっとレトロでかわいいパッケージにリニューアルした

3 たつみ麺店「手延べきしめん」。あいちトリエンナーレ限定デザイン。世界パッケージデザイン賞Pentawards2017金賞、アジアデザイン賞2016金賞、グッドデザイン賞2017などを受賞

4 大和屋守口漬総本家「守口漬　生ふりかけ」。守口漬を細かく刻んで小分けにした新発想の商品。日本タイポグラフィー年鑑2014入選。日本パッケージデザイン大賞2015入選

い、おかげで売上がグッと盛り返しました。それ以後もいくつかの商品を担当して、外国人のお客さんを意識して英語を使ったデザインを取り入れるなど、伝統を意識しながら新しく見える、そんなことを意識しながらパッケージをつくっています。

3

4

名古屋人の気質に合う
リピート買いしたくなるデザインを

広告やパッケージのデザインってクライアントが満足してくれることが優先されがち

なんですけど、それを見るお客さんがどう感じるかが一番大事。ういろうや守口漬はお土産でもあるけれど、普段一番目にするのは名古屋の人だし、名古屋の人がお土産として持っていくという需要もある。だから、**デザインする時にまず思い浮かべるのは飽きが来なくて何度もリピート買いしたくなるものです。**東京だったらトガったものをつってもいいかもしれないけど、それでは名古屋の売り場には合わない。名古屋で喫茶店のモーニングが常連さんに愛されているのと一緒で、飽きが来なくて何度もリピート買いしたくなるものにしないといけない。そのためにはデザインを覚えていることが大切なので、ちょっとした仕掛けとかアイデアを重視しています。それが名古屋土産としてのデザインばかりだった、ういろうのパッケージを高級感を出して品良く作ったり、豆菓子のパッケージを変わった形にして金鯱を表現することなどです。僕は商売のプロではないけれど、消費者目線でモノを見ることはできるので、僕自身が楽しくデザインすることで、名古屋のお客さんにも楽しんでもらえるんじゃないかと思っています。

観光客が買って帰るお土産はそれ自体が観光大使みたいなもの。おいしくて、パッケージも魅力的であれば、名古屋に対するイメージを高めてくれる役割も担ってくれる。お土産物売り場に商品が並んでいる様子は、それが街の景色のひとつともいえるので、いいデザインが増えれば名古屋の街のイメージも少しずつよくなっていく……といいなあと思っています。

その他、観光と直結したものでは、静岡の「伊豆花遍路　手ぬぐいスタンプラリー帳」

というものもつくりました。伊豆半島って熱海や伊東以外にも温泉がたくさんあるけど南部の方にはあまり行かない。そこでいろんなところを回ってもらおうと、手ぬぐいをスタンプ帳にしたスタンプラリーを企画。25か所（最終的には35か所に増加）のスタンプを集めて、赤いひもを解くと1枚の手ぬぐいになる。スタンプを集めて何かがもらえるというわけじゃないんですが、スタンプの数だけ思い出になるし、何より巡る楽しさがある。単にポスターを作るなどとは違った、かわいいデザインで人が動く、街が活性化するという人の行動につなげるデザインです。これはいろいろな広告賞をいただいて、3年後の2019年には山形県鶴岡酒田でも同様の手ぬぐいをつくってスタンプラリーを開催しました。

観光には住む人の町を愛する気持ちを高める役割もある

観光って、そこに住む人の街を愛する気持ちを

豆福「豆でなも」。テトラ型のパッケージが金鯱になっているインパクト抜群のパッケージ。日本パッケージデザイン大賞2019入選。AICHI AD AWARDS 2018入選

高める役割もあるので、やっぱり盛り上がっていた方がいい。**観光の強い街って、大体地元の人が街を愛していますからね。**名古屋は観光のポテンシャルも実は無茶苦茶ある。でも、観光のPRって名古屋市なら名古屋市、愛知県なら愛知県と、行政の区割りが基本になるみたいで、名古屋へ行ったらナガシマスパーランドで遊んで、というのは全然ありのはずなのに、行政的にはそのPRはダメってことになっちゃう。僕の海外の友だちだって「名古屋へ行ったら、白川郷と鈴鹿サーキットも行きたい」とか言ったりして、彼の中では全部同じエリアなんですよね。実際に他県や海外から来たら、名古屋を経由してそれらの場所へ行くことになるわけだから、広域でとらえて紹介していけばいいと思います。

100m道路を中心とした整然とした街並みが、名古屋の街がつまらない理由みたいにいわれることもありますけど、あれは戦争で焼け野原になってしまった後に思い切った区画整理をしてつくったもの。名古屋城のコンクリートの天守閣だって、二度と焼失しないようにという思いから再建した。**被災地が頑張って復興した象徴なのに、つまんないだなんて失礼な話ですよね。**テレビ塔だって、「東京タワーより小さい」なんて言われると、こっちの方が先だし、設計者も同じ（塔博士と呼ばれた内藤多仲氏）なのに悔しいなぁと思います。

名古屋に対する愛着はもちろんあります。この事務所、窓からテレビ塔が見えるんです。だからここに決めたくらい。でも、「名古屋、大好き！」と声を大にしてアピールしようという気はなくて、そんなところも名古屋っぽいかな、と自分でも思います。

10年後の名古屋は、今以上に経済が活性化して、できれば観光ももっと強くなっていればいいですね。**名古屋はデザインが弱い、と言われているのはつまりデザイナーが弱いということだから、そこは僕らが頑張らないと。**僕自身は、名古屋のデザインをこうしていくんだ！ とか、そういう大それた思いはないんです。自分がもっとデザインがうまくなりたいというだけ。そうしないとデザイナーは生きていけませんから。そして、僕のつくったデザインが、10年後も売り場に並んでいてくれたらうれしいです。

平井秀和さん

（グラフィックデザイナー）

名古屋市生まれ。アートディレクター、グラフィックデザイナー。大手デザイン事務所の名古屋支社を経て、2002年に妻の瀬川真矢さんと「Peace Graphics」（ピースグラフィックス）を開設。ういろうの老舗・青柳総本家や大和屋守口漬総本家など名古屋名物の商品パッケージを各種手がけ、ヒット商品を次々と生み出す。「世界パッケージデザイン賞 Pentawards 2017 金賞」（たつみ麺店「手延べきしめん」）「日本パッケージデザイン大賞2017」金賞（青柳ういろう「ひとくち 濃茶・和三盆」）などデザイン賞受賞多数。

オリジナルキャラクター『手君』の滑り台で遊べる、外の人を連れて行きたくなる公園をつくりたい

鷲尾友公《ともゆき》さん
（アーティスト）

名古屋を拠点に国内外に活躍の舞台を広げている鷲尾友公さん。名古屋まつり２０１５のポスターにあいちトリエンナーレ２０１９の円頓寺の壁画、金シャチ横丁のメインビジュアル、そしてオリジナルモチーフの手君など、名古屋に暮らしていると気がつかないうちにその作品を目にする機会も多い。美術展への参加、店舗の壁やシャッターなどの作品制作にも取り組むなど、その活動はアート／デザイン、ストリート／パブリックの領域を自在に行き来する。この春には、２０３０年までの10年を目途としたスタジオ「ユートピア」を名古屋市北区に開設。ここからどんな作品が生まれ、どんな刺激が街にもたらされるのだろう？

名古屋らしさを意識はしていない
でもモチーフとして自然と出てくる

「あいちトリエンナーレ2019」出品作品「MISSING PIECE」。円頓寺商店街の圓道寺の駐車場横の店舗壁面に描かれた巨大壁画。トリエンナーレ期間中は特設ステージが組まれ、週末夜はこの絵を背景に夜な夜なライブが開催された

絵は見よう見真似の独学です。高校卒業を控えて進路を決める事ができず、美大の受験に挫折した経験が今につながっています。教えてもらっていた高校の先生の紹介で浪人中に造形屋さんでバイトを始めて、発泡スチロールで遊園地のアトラクションの背景にある岩をつくったり、水族館のペンギンの人形を塗ったりしていました。

そのバイト先の先輩に薦められて、20歳の時にニューヨークへ1か月行ったんです。高校の時からグラフティというものに興味があって、〝ニューヨークへ行くなら見てみたいな〟という単純な好奇心もありました。滞在時に、バーでやっていた小さな展覧会で、グラフィティ（ストリートカルチャー風の壁などの落書き）に出会って衝撃を受けたのが、「これだ！」と本気で意識するようになったきっかけです。

音楽を聴くことも好きだったので20代の頃は頻繁にクラブに出入りするようになり、そこで出会った友人のためにパーティーのチラシを描いたり、そこに集まっていたアーティストのCDジャケットのデザインをやらせてもらったりしていました。同世代が美大に行って自由気ままな暮らしをしているのと比べると、全然食えずうまくはいかないけど楽しかった。バイトやデザインの仕事でまとまったお金が入ると友達が住んでいたロンドンやベルリンに行くようになりました。周りからは、ふらふらしてる、としか見えなかったでしょうね。親も心配していたと思います。10代最後の年には街に落書きしていて捕まったこともあるし(笑)。でも、外国での出会いが活動のきっかけにつながったことも少なくない。初めて外国で展覧会に参加したのもその頃、25歳の時に誘ってもらったベルリンでのグループ展でした。２０２０年秋に開業する名古屋テレビ塔のホテルに自分も含めた国内外のアート作品が設置され、そのうち何人かは僕がこの頃に出会ったアーティストで、僕から声をかけて参加してもらっています。

東京に出ようと思ったこと？　ないですね。うまく社会と適応する自信もなかったですし、情報や刺激を受けに行くのは海外だったし、作品づくりに必要な場所や材料を買う店は名古屋で事足りていましたから。作品を運ぶには車が必要で、こっちにいれば親の車を借りられましたからね(笑)。あとは、東京にわざわざ出るのは面倒くさかった。

名古屋ではいろんな方の紹介で仕事をいただくことが多いですね。名古屋らしいとも言えてありがたいんですが、それに頼っているわけではないんですが本来の目標を後回しにしていないかと自分に問う日々でもあります。知り合いだからという理由ではなく作品を評価してもらえているのだろうか？　という本音もあり。当時は今と比べて情報も少なかったですし、活動の特殊性が珍しがられて声がかかっていたのかもしれないし。

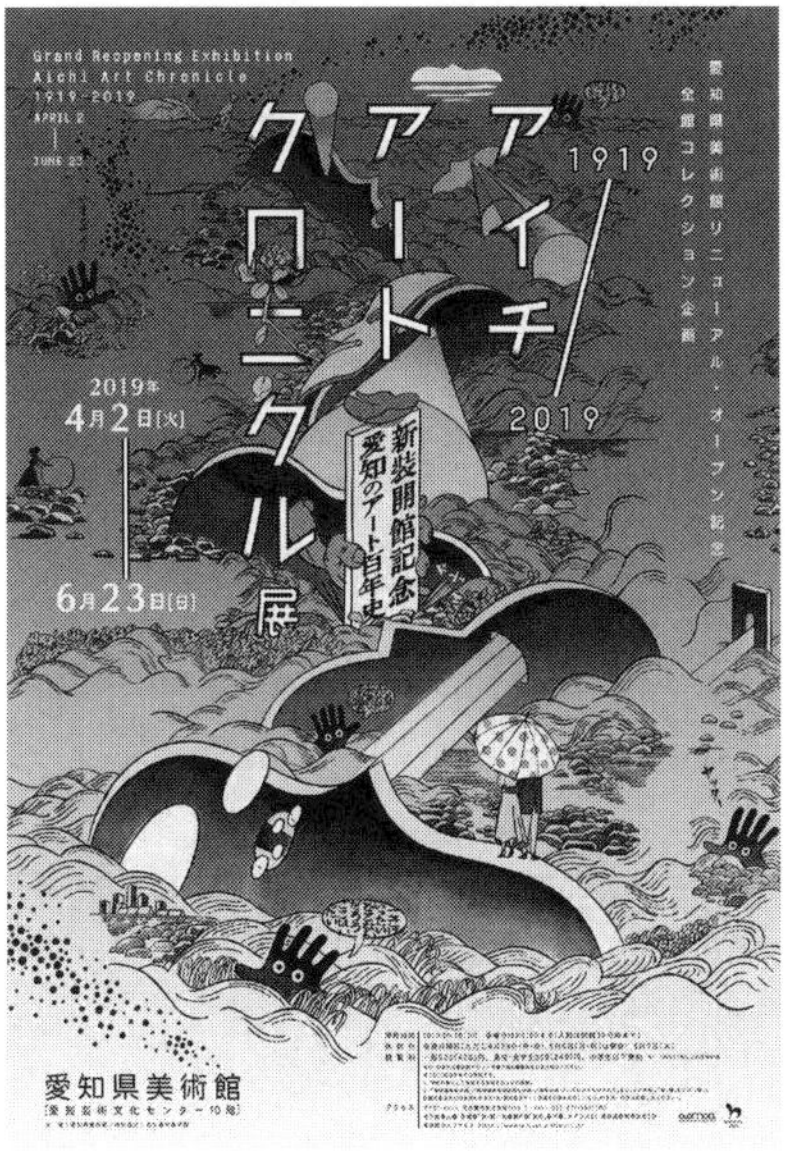

愛知県美術館のリニューアルオープン記念企画「アイチアートクロニクル展」(2019年) のポスター。ポップな中に日本的な懐かしさを感じる要素を盛り込んでいる鷲尾さんならではの作品。いたるところに手君が隠し絵のようにひそんでいる

それよりも作品に感動してもらって、その上で声をかけてもらうような作家になりたい、といっそう意識するようになりました。

作品をつくる際、名古屋らしさ、愛知らしさというものを特に意識はしていません。ただ、去年（２０１９年）の愛知県美術館のリニューアルオープン記念企画『アイチアートクロニクル１９１９‐２０１９』のポスターでは、人の顔に見立てた山並を描きました。これは子どもの頃に遊んでいた木曽川越しに望む養老山脈がモチーフになっています。記憶や経験の中からモチーフを見つけ出そうとすると、**人生のほとんどを愛知、名古屋で過ごしているので、必然的にこれまでに見たり経験したものが出てくる。**名古屋らしさ、とはちょっと違うかもしれないんですけど、意識しなくても出てくる自分にとっては大切なものだと思っています。

オリジナルモチーフ「手君」を介して受け手との関係性が広がった

『手君』をつくったのは8年くらい前、30代前半の頃です。制作を続ける一方で、当時、友人が立ち上げた音楽レーベルを手伝っていて、ＣＤやレコードのジャケットデザインやＷｅｂデザインの仕事をしていました。フェスも開催して、たくさんの方にレーベルの活動も注目してもらえていたのですが、20歳の時のＮＹで「これだ！」という決意を後回しにしていたことが心残りで、自分の体の一部である手を擬人化させてみたモチーフ「手君」ができたことで、その決意とともに独立しました。

その頃、手をモチーフにした絵をよく描いていて、ふと「目をつけたらどうなるんだろう？」という、きっかけはほんの遊び心です。目をつけて擬人化するというのは世界中にあるパターンだと後になって気づくんですけど、その時の自分としては発見だった。手君は時代を超えて江戸時代に既に存在していたという設定にして、浮世絵の中に手君がいるイラストをいろいろ描いたりして遊んでいました。最初はグラフィティの延長でステッカーをつくって街に貼ったり、名刺代わりのキャッチーなアイコンになればいいかな、くらいのつもりでしたね。

（上）アーティスト・鷲尾友公のトレードマークともいうべき「手君」
（下）「手君は江戸時代から存在していた」(!?)。江戸時代の風景画の中に手君が！

次第に周りの友人たちが面白がってくれて、手ぬぐいやグッズをつくったりして、少しずつ広がっていきました。そのうち子どもをはじめ広い世代の人たちに親しんでもらえるようなり、キューバへ行った時も現地の人が面白がってくれたりした。軽い気持ちでつくったものが広く認知してもらえたことに喜びを感じました。**それまでは1対1だった受け手との関係性が、1対不特定多数に広がった。**今ではポスターのどこかに手君をしのばせたり、これがあることで自分の痕跡だと理解してもらえますし、鷲尾友公の名刺代わりのアイコンになっています。

ビルやシャッターに描くのは
街に自分が入り込んでいく1人アニュアル活動

あいちトリエンナーレ2019は、当初は公式デザイナーの1人として参加したんです。パフォーミングアーツと音楽プログラムのポスター制作が担当だったんですが、音楽プログラムのキュレーターの方から提案を受けて円頓寺会場のライブステージの背景になる壁に絵を描くことになりました。圓頓寺の隣にあって、最初はご住職に受け入れてもらえるか心配していたのですが、毎日現場に通う中で時折会話をくり返しながら作品が完成した時には気に入ってくれて、後日談で『朝起きると絵の赤いところに朝日が反射して本堂の仏様が赤く見えるんだよ』とうれしそうに話してくれたことが印象的でした。

ビルの壁や店舗のシャッターなどに描く作品はこれまでにもいくつか手がけていて、これからも1年に1度はやり続けたい。依頼を受けて描くものもあれば、自分から提案して描かせてもらうこともある。街を歩きながら、塗装工事で足場を組んである物件がないか、常に意識していて、街の見方が変わってきました。描く壁によってサイズや条件も違うし、足場に上るという物理的な危険もともなう。期限を決めて段取りを組み、毎日現場に通って1日1日緊張感をもって取り組む。そこに住む人とコミュニケーションをとったり、近所の飲食店の常連になって、街に自分が入り込んでいく。街に慣れ始める頃には離れてしまうんですけど……。仕事とはまた違った自分自身のチャレンジであり、1人アニュアル（＝毎年恒例の）活動です。

自分はデザイナーなのかアーティストなのか？　どこに向かっているのかわからなくなる瞬間があったりします。2014年に金沢21世紀美術館で50mの大壁画を描いた時も、「きれいにまとめようとするクセがある」とよくいわれました。デザインを長くやっていた性で、きっちり仕上げたくなるのかもしれません。例えば線をきれいにそろえるとか、筆跡が残らないようにきっちり塗りつぶすとか。でも、美術の分野で活動されてきた方たちとお話をしていると「かすれていたり絵の具がたれていてもそこが面白いんだ」と言う。それが、わかった気になってまだまだ上手く行ったり行かなかったり……を繰り返している毎日です。

美術の世界の人たちと交流するようになったことは、作品への取り組み方についてすごく勉強になりました。今の自分が何を思ってこれを描くのか？　作品の背景や自分の中での世界観を意識して絵に向き合うようになりました。若い頃はノリでつくったものが周りにウケて、自分も勘違いしちゃったようなこともあったんですが、今は作品の強度をもっと高めていかなきゃ、と思っています。強度と言うのは技術もそうだし、なぜこの表現なのかという文脈を理解した上で表現する、テクニックと意識の両面で、より多くの人、長い間の鑑賞に耐え得るということです。

喫茶店で描いたアイデアスケッチから生まれた作品も

スタジオをつくる以前は、僕の作品のほとんどは喫茶店で描くアイデアスケッチから生まれていました。近所に3軒くらいなじみの店があって、その日の気分でどこに行くかを決めています。大体、朝9時くらいに行って11時くらいまで。締め切りが近づいていたりすると気合いを入れる時はそのまま昼飯もそこで食べますね。今のスタジオの近くにあるコメダが好きでしたね。テーブルがドーンと大きくて、冬でも陽射しが温かくて。**しかも喫煙席で、座る席も決まっていて、注文しなくてもアイスコーヒーが出てくる。**志賀本通にあるミッキーハウスという店にもよく行っています。コーヒーが330円でモーニングはトーストと目玉焼きがついてきて、目玉焼きにソースをかけるのが好きなんです。最近は何も言わなくてもソースをかけてくれる。財布を忘れた時も「まぁええわ、食べてきゃあ」と言ってくれたり(笑)。

もう一軒、2日に1回くらい通ってた生駒という喫茶店があったんですけど、4年前にマスターが亡くなっちゃって。その日、朝行くと閉まっていたんです。仕方なく別の店に行くと生駒の常連さんがいて、「マスターが倒れたらしい」と聞いて病院へ駆けつけたんですけどもう亡くなっちゃってて。ジャズが好きで、吸ってる巻きタバコも一緒だったんです。僕がスケッチしてる様子をいつも見てくれていた。仕事のことも楽しみにしていてくれたと思います。その日、家に帰って僕が見ていた店内の様子を描いてたら、号泣していました。

手君のすべり台のイメージ画

どこの街へ行ってもまず喫茶店と巻きたばこ屋を探します。生活で印象に残っている風景や出来事などをそのままアイデアに取り込んだりしています。あるミュージシャンのベストアルバムのCDジャケットでは、以前よく行っていた喫茶店をモチーフに描きました。名古屋という町に正直そんなに愛着があるわけではないんですけど、生活していると面白い人に出会いますしね。**この町の喫茶文化はなくてはならない大事なものですね。**

アイデアを持ち寄った人が出入りするスタジオで作品をつくり、街を活性化させる

新しいアトリエは「ユートピア」と名づけました。たくさんの友人たちに手伝ってもらいながら、自分たちで解体して床をつくったり、壁を塗ったりしてつくりました。基本的には創作のためのアトリエなんですが、もともと写真スタジオだったので暗室として使われていた小部屋でテイクアウトのカレー屋を始めたり、ギャラリーとして展覧会を開いたり、近所のおじいちゃんおばあちゃんを集めて映画の上映会を開いたり、トークイベントをやったりと、いろんな人がアイデアを持ち寄って、発信する場にしたいですね。僕は1人で黙々と作品に向き合うタイプじゃなくて、多動的人間だと言うことを認識しました。いろんな人が入れ替わり立ち替わり介入してくる環境の中でつくる方が合っているので、スタジオに導かれたのは必然だったのかもしれません。多種多様でいいと思ったんです。そのためにつくったスペースです。誰かがいて、何かしている多少の雑多の中に身を置いた方がいいかな、という感じです。といっても黙々と作業する日ももちろんありますけど。

もうひとつ、いつかつくりたいのは公園です。外から遊びに来た人に薦められる場所

がある街っていいですよね。何かひとつ自慢できる場所があれば。手君を滑り台にするという計画があって、それは一度ボツになっちゃったんですけど、どこかであらためて実現させたいと思っています。今のスタジオにいろんな得意分野を持った人が出入りして、周囲の街も活性化して、電車に乗って栄に行けばいい公園があってそこに手君の滑り台がある。そんな人と街の流れをつくりたいですね。栄じゃなくてもいいかな。もっと違う場所。大人がかかわっていない場所。

このスタジオで活動するのはおおよそ10年ほどかなと決めています。ちょうど2030年。名古屋が広大な構想でトータルにデザインされた街になっていて、僕もポジティブな気持ちでここを出ていく……まさに〝日の出〟ができればいいな、と思っています。

鷲尾友公さん

（アーティスト）

1977年、愛知県愛西市出身。画家、デザイナー、イラストレーター、映像作家など多方面で活躍。クラブのフライヤーやアーティストのCDジャケットなど、ストリートやアンダーグラウンドシーンでの活動で頭角を現し、近年は「名古屋まつり2015」のポスター、あいちトリエンナーレ2019の円頓寺の壁画など公共性の高い作品も数々手がける。

「毎日・絞りまつり」。有松を365日にぎわいあふれる町に

大《おお》須《す》賀《か》 彩さん
（有松・鳴海絞括り職人）

江戸時代初期に始まり、尾張藩御用達として絶大なるブランド力を誇った有松・鳴海絞。産地である有松には風情豊かな商家が並び、古い町並みとして観光客も集める。４００年の伝統を誇るこの世界で奮闘しているのが大須賀彩さん。伝統工芸の分野ではまだまだ希少な気鋭の女性職人が、手仕事によるモノづくりから、町に、絞り染めに、新たな風を送り込もうとしている。

学生時代に有松絞りに出会い「地元にこんなモノづくりがあるんだ！」と感動

生地を糸でしっかりとくくっていく有松絞り。絞りはアジアなど世界各所で見られるが、ゴム紐などでくくる簡易なものが多く、有松絞りはそれと比べて柄が緻密なのが魅力。「指が長くて手が大きいのも、力がいる有松絞りに向いていたのかも」と大須賀さん

「すごく繊細で、一体どうやってつくっているんだろう？　こんな素敵な手仕事が地元の愛知でつくられているんだ！」。19歳の時に初めて有松絞りに出会って、鳥肌がたつほど感動しました。ファッション系の大学で染色の勉強をしていた私は、ファッションやデザインに興味はありましたが、伝統工芸に特に関心があったわけではありませんでした。でも、

大学の授業で有松を訪れて絞りに感動したことが、後に職人になるきっかけとなりました。授業の一環で有松絞りまつりのファッションショーにも参加することになり、翌年はもっといいものをつくって出品したい！ と思い、有松の老舗のＳＵＺＵＳＡＮに弟子入りすることになりました。

学生時代は実家から大学まで2時間半かけて通って1限から6限までびっしり授業を受け、週末は有松へ修業に行き、月曜は知多半島まで染色の勉強へ行く生活。短大から3年次編入をして、一番意欲的だった時で、そんなときに絞り染めに出会ったのは、今ふり返ってもいいタイミングだったと思います。

有松絞りは１００以上もの技法があって、職人1人1人による一人一芸。生地を糸でくくった上で染めることで多彩な模様を表現します。生地の素材やくくり方、染め方などによって模様の表情がガラッと変わるところに難しさや魅力があります。私は手筋絞という技法の習得に取り組んでいて、デザインから染めまで1人で完結するやり方をしています。**有松絞りは8工程を8人の職人でやる分業が基本なので、私のような全工程を1人で行うデザイナー兼職人は他にいないと思います。**

老舗に弟子入りし技術を習得
職人で生計を立てる難しさにも直面

学生時代からSUZUSANで8年、同じく有松の老舗の山上商店で2年、弟子入りをして技術を磨きました。ＳＵＺＵＳＡＮはヨーロッパ向けのハイファッションやランプシェードなどのインテリアも手がけ、山上商店は昔ながらの親しみやすい有松絞りの商品をつくりながらオリジナルアパレルブランドのｃｕｃｕｒｉもある特色の異なる2社で経験を積めたことはとても有意義でした。ＳＵＺＵＳＡＮの4代目の村瀬（裕）社長は厳しくも包容力があり、〝見て学べ〟の世界でしたが、時間どおりに確実に絞る大切さを学びました。山上商店では店頭に立ってお客さんの意見を直接聞くこともできました。もっと丈が短い方が着やすいんだけど」「男性物はないの？」「ちょっとした小物があるとプレゼントとして購入しやすいんだけど」。実際に使う方、購入しようとしている方の声を聞くことができ、その後のモノづくりにつなげることができました。山上商店の山上（正晃）社長から「括り職人　大須賀彩」という肩書をつけていただけたこともうれしかったです。職人はほとんど表に顔が出ない存在なのですが、名刺をつくってくださり、商談に同席したり、百貨店で絞りの実演をしたりと、一人前の職人として扱っていただけたことのうれしさは今でも忘れられません。

一方で、**職人として生計を立てていくことの難しさも実感しました。20代後半は職人として内職の加工受けもしていたのですが、単価が本当に安いのです。**何とか技術を高めてスピードを上げるしかないと考えて頑張りましたが、「これではとても食べていけない」と厳しさを実感しました。

30歳で独立しブランドを立ち上げ 女性職人グループとの出会いが追い風に

独立して自身のブランド「彩 Aya Iro-dori」を立ち上げたのは30歳の時。ちょうど結婚した時期で、旦那さんが「つくるばかりでなく経営や運営も勉強してみたら」と背中を押してくれたのがきっかけになりました。

ブランドではストールやバッグ、アームカバーなどの定番商品の他にオーダーメイドでウエディング用のドレスなどを手がけることもあります。最近ではお客様のリクエストで絞り染めのスポーツウエアをつくりました。それを翌年の有松絞りまつりに着てきてくれて、「息子とお揃いで着てマラソン大会に出たんだ」とおっしゃってくれて本当にうれしかったです。**「ただモノをつくるだけじゃなく、その先にある幸せも生み出すことができるんだなぁ！」**と有松絞りの可能性に気づか

「彩 Aya Irodori」のワンピースやストール、バッグ、小物など。華やかな色使いと繊細な絞りの柄は、現代の女性のファッションアイテムとして取り入れやすい

せてもらった気がします。

独立した当初に出会ったのが、東海地方の女性伝統工芸職人のグループ「凛九《りんく》」です。根付、七宝焼き、美濃和紙などの伝統工芸の女性職人の集まりで、同じ境遇の仲間ができたことは精神的に大きな支えになりました。これがきっかけで、作風も女性ならではの表現を重視するものに変化していきました。メンバーのおかげで乗り越えられたこともあり、お互いに支え合って高めていくことができるいいグループと巡り合えました。

子育てと仕事を両立
子どもの成長に合わせた商品展開も

ちょうどこの頃、初めての出産をして、今は娘を子育てしながら仕事と両立させています。妊娠・出産・子育ては働く女性にとってハンディになりがちですが、私はそれも前向きにとらえてモノづくりに活かしたいと思っています。妊娠中、つわりがひどくてそれまで使っていた染料や生地を鍋にかける時のにおいを受け付けなくなってしまったのですが、代わりに化学薬品を使わない正藍染にチャレンジすることにしました。有松絞り＝藍染のイメージを持っている人も多いと思いますが、実は天然成分による藍染はほとんど使われていません。藍は何度もくり返し染めないと定着しないので、その作業の間にくくりの糸がちぎれたりほつれたりして模様がきれいに出ず、生地全体に総柄を

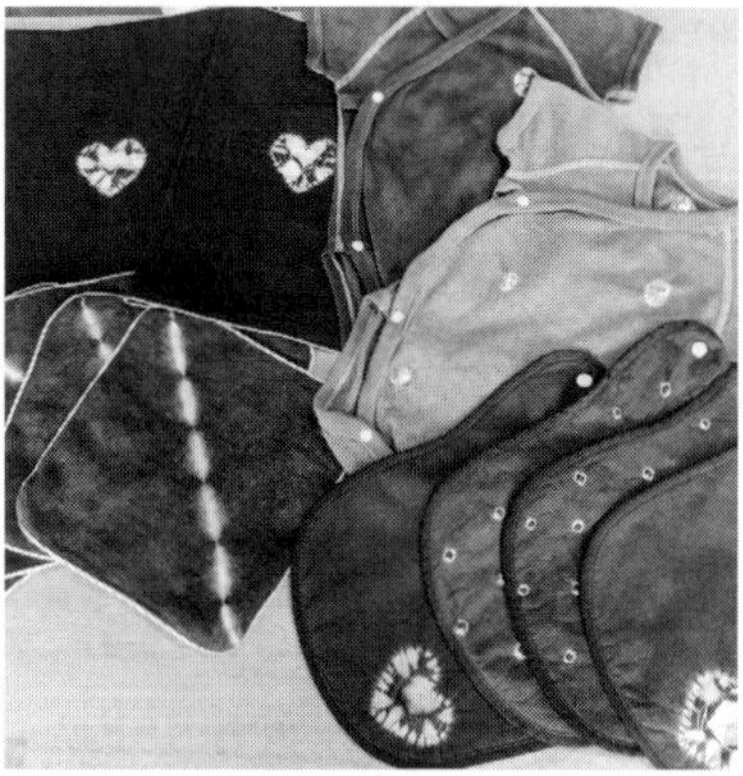

ベビー、キッズ向けの正藍染の作品。絞りによるハートマークのワンポイントが藍の生地にくっきりと浮かび上がる

入れるものが多い有松絞りとは相性がよくないんです。でも、消臭抗菌作用もある藍染は安全・安心で子どもの肌にも優しい。そこで、まずは娘のために絞りでハートマークを入れた藍染の肌着とよだれかけをつくりました。藍染だとワンポイントがすごく活きてかわいいんです。これからは娘の成長に合わせて藍染×絞りの商品展開も図っていきたいです。0歳児ならおくるみや靴下、1歳になったらママとお揃いの帽子、2歳だと汗もいっぱいかくからTシャツ、3歳になるとお出かけも多くなるからリュック……。どの年代の子どもにはどんなものが必要か、子育てしているからこそ気づくことがいっぱいあるのです。娘が刺激になってつくりたいものがどんどん出てきて、すごくわくわくしています。

　旦那さんは仕事に理解があっていつも前向きな助言をしてくれ、母は元保育士で、今は子育てのサポートをしてくれています。家族の支えがあって今の私があるので、職人として精一杯努力しながらも、子どもや家族を一番に考えるように心がけています。

希望を持った若者が切磋琢磨し活気あふれる有松の町に

「毎日が絞りまつり」。10年後の有松に思い描くのはこんな町の景色です。訪れる人も街の人も絞りが大好きで、毎日がにぎわっている。そんな街になっていてほしいし、私もそのために少しでも力になりたいと思っています。

そのためにはまず、若い人が有松でモノづくりを続けられる環境を整えることが必要です。夢を持って有松に来ても、金銭面、労働時間、精神面で過酷な状況が続き、結局この地を去ってしまう人をたくさん見てきました。外からやってくる人材を受け入れてまとめる地元の体制、そしてさらに行政の支援があれば、もっと多くの若者が有松に根づいて活動を続けられるのではないのかなと思います。**若い職人が増えれば、切磋琢磨する中から新しい技法も生まれ、そこから新しい商品**

小学校での体験授業など、有松絞りの魅力を伝える活動も積極的に行っている

も生まれ、町全体が活気づくと思います。

今年、念願だった自宅兼工房を有松に構えることができました。古い街並みに面し、ショップ、ギャラリーも併設してワークショップも開催します。**外から来た絞り職人が古い街並みの中に店を構えるというこれまでになかったケースなので、**後に続く人のためのいいモデルになればと思っています。他にも最近は新しいお店が少しずつ増えてきて、明るい兆しを感じます。

有松絞りが400年も続いてきたのは、常に時代のニーズをつかんで変化してきた背景があったからです。これからの時代に合った有松絞りをつくって、有松を毎日にぎわいと活気のある町にすることが、私が夢見る2030年の理想の名古屋だと考えています。

大須賀 彩さん

（有松・鳴海絞括り職人）

1986年、愛知県碧南市出身。名古屋学芸大学在学中に有松絞りと出会う。大学3、4年次に有松絞りまつりに作品を発表。4年次には最優秀賞を受賞する。20歳の時に有松絞りの老舗「SUZUSAN」に弟子入り。その後、同じく有松の老舗「山上商店」で技術を磨く。30歳で独立し、自ら絞り、染め、デザインを手がけるオリジナルブランド「彩 Aya Irodori」を立ち上げる。2020年8月に有松の古い町並みに工房兼ショップをオープン。（彩 Aya Irodori 名古屋市緑区有松807-1 TEL052-621-6820）

置き方ひとつで本は売れる。自由な本屋が増えれば街が面白くなる！

黒田義隆さん・杏子さん
（本屋&ギャラリー「ON READING」店主）

本好きの友人の家に訪れたかのように、棚に並ぶ本を一冊一冊くまなくチェックしたくなる。そんな気分で本との出会いを楽しめる本屋兼ギャラリー「ON READING」。古いアパートの入口に小さな看板が出ているだけの目立たない店だが、遠方からわざわざここを目指して名古屋に降り立つ人も少なくない。本が売れない。活字離れ。出版不況。そんな業界に吹き荒れる逆風を、店主夫妻はいつも穏やかな笑顔でしなやかにすり抜けているように見える。旧来の社会の仕組みに依らずに生きていくことが今よりも当たり前になっているはずの2030年を、独立独歩の小さな本屋を通して透かし見てみたい。

「本が売れない時代」といわれるが置き方次第でほしい人の元に届く

入口に立てばほぼすべての商品が見渡せる、本好きの人の部屋感覚の店舗。常時、義隆さんと杏子さんのどちらかが店番をし、お客と対話しながら１冊１冊を丁寧に売っていく。オリジナルのＴシャツ、雑貨なども販売する

長者町でやっていた最初の店「YEBISU ART LABO FOR BOOKS」は、もともとビルに入っていたギャラリーの間借りみたいな感じで、扱っているのもアートブックや古書がほとんどでした。５年後に今の物件を紹介されて、それまでの店舗が少々手狭になっていたこともあって、「ON READING」として移転オープンしました。

店名の由来はハンガリー出身の写真家、アンドレ・ケルテスの写真集のタイトル『ON READING』。

広くなったといっても古いアパートの一室で15坪くらい。本は4000~5000点程度です（都心部の超大型書店は1000坪・100万冊以上）。こっちに移ってからは新刊書籍も扱うようになり、その他、ZINEやリトルプレスと呼ばれる少部数の自費出版本も500種類くらい置いています。

「どうやって食べているんだろう?」とよく思われているみたいですが、割と普通に本を売って暮らしています(笑)。仕入れは一般の書店のように取次を通すのではなく、買切専門の問屋との取引を中心にして、出版社からも直接取り寄せています。**他の書店との一番の違いは、売れ残ったら返品できる委託販売ではなく、ほとんどの本を買切していること。**リスクはありますけどその分委託よりも利率が大きいので、しっかり選んで売り切っていけばある程度利益は出るんです。

他に主な業務内容は、オンラインショップとギャラリーと出版です。店内の一画と、隣にもう一室借りているギャラリーでは年に20本くらい企画展を開催しています。出版は自主レーベルの「ELVIS PRESS」から年に2、3冊を出しています。単純に、自分たちがファンの人に「本をつくらせてください!」と声をかけてつくっています。これまでに一番売れているのは『世界をきちんとあじわうための本』という人類学者の企画展の記録集。ここで売る他に、国内・海外合わせて80軒くらいの書店に卸しています。卸先は主に個人店で、どのお店も丁寧に売ってくれるので、少しずつですがバックオーダーが絶えなくてじっくりじっくり売れています。3刷りで累計5千部くらい。自分たちの店で扱っている本もそうですが、響く人に届くように置けばちゃんと買ってもらえるんだ、と実感しています。

(上) ZINEの棚
(下) オリジナル出版レーベル「ELVIS PRESS」の一番のロングセラー『世界をきちんとあじわうための本』(ホモ・サピエンスの道具研究会・企画)

選挙の投票割引で「初めて選挙に行った」人も。何かを交換し合える場所に

取り扱う本のセレクトのテーマは「世界を観る目の解像度を高めてくれる本」。何か考えるきっかけになる本、いろんなレイヤーから世界を見ることで、より理解を深めたり、他者への想像力が膨らむような本。**実用書やベストセラーよりも、大きな本屋では埋もれてしまって目につかないような本をすくい上げています。**

ただ、特定のジャンルに特化した専門店をやろうという気持ちはなくて、こちらの好みを押し付けるような売り方もしたくはない。新刊も古書も、いろんなジャンルの本をフラットに扱って、興味の幅が広がるような空間づくりをしたい。お客さんも買う本を決めて来るのではなく、棚の前に立って並んでいるものを眺めて、「あ、これ面白そう」と思って手に取ってくれる。そんな風に自分が知らなかった本と出会うことができる場所であれば、と思っています。

名古屋という街の中でうちの店で売る意味があるか？　ということは意識しています。本だけじゃなくギャラリーも同様で、うちでは写真家やイラストレーターの企画展が多い。名古屋は現代美術のギャラリーは割とあるんですが、写真やイラストを扱うところが少ないんです。**他がやっていないから、街のインフラを補完するために私たちが拾い上げている感じです。**

お客さんは自分たちと同世代の30～40代が多いですが、高校生もいれば年配の人もいる。世代の偏りはあまりありません。県外からわざわざ来てくれる人も少なくない反面、「なかなか来るチャンスがなくて」という人が実はすぐ近所だったりして、地元の人にもっと来てもらうことが課題です（苦笑）。

新規のお客さんが来てくれるのは、トークショーや展覧会などがきっかけというケースが多いので、いろんな切り口のイベントを企画して、いろんな趣味嗜好の人に足を運んでもらいたい。ここ2、3年は5～6人とかごく小規模の読書会も行っています。去年やったのは難民支援の活動をしている人を軸にした企画で、毎回大学の先生などをゲストに呼んで、年間で6回ほど継続的に会を開きました。ここで出会った人同士でまた次のアイデアや活動につながったり、1回お客さんを呼びこむだけじゃなく、続けていくことで深いかかわりにつなげていけたら……最近はそんな風にも思っています。

選挙の投票割引というのもやっています。投票証明書を持参してくれたら値引きするという企画で、うちとシマウマ書房さん（今池の古本屋）で前々回の衆議院選挙から始めました。去年はｔｗｉｔｔｅｒでいろんな本屋が乗っかってくれたので盛り上がりました。大学生のお客さんが「これをきっかけに初めて選挙に行きました」と言ってくれたりして、やってよかったなぁと思えました。単に本を売買するだけじゃなくて、お客さんと何か思っていることとかを交換し合える、そんな場所でありたいんです。

名古屋にも面白いプレイヤーはいっぱいいる
届け方次第でちゃんと売れるはず

名古屋って、歴史を知るとすごく面白いし、掘り起こせば実は文化度もめちゃくちゃ高い。でも、それを知らずにいる人が多いし、うまく伝えられていなくてもったいない。うちで売る本と同じで、求めている人に向けてきちんと紹介することができればちゃんと届くはずなんです。

メディアがない、というのも街の課題のひとつ。**テレビにしてもラジオにしてもメジャーなものは取り上げるけど、インディーをピックアップしてボトムアップさせようとするものがない印象を受けます。**あったかもしれないけど認知度があまりなくてそのメディア自体が埋もれてしまっている。それを自分たちで何とかしようとWebメディアの『LIVERARY』を仲間と一緒に立ち上げたんですが、やっぱり認知度がまだまだなので、もっと発信力を高めていかなきゃ、と思っています。

音楽にしてもアートにしても、面白いプレイヤーは名古屋にいっぱいいる。そういう人たちがちゃんと売れてもっと世に出るようにしていければ。ギャラリーはそれをサポートする役割もあって、最近は地元の作家さんの展覧会も増えています。売れないと思われているものだって見せ方や届け方ひとつでちゃんと売れる。やっぱり本の売り方と一緒です。

本屋の減少は旧来の仕組みの問題
ネットのせいで売れない、は間違い

私たちがここに店を構えて10年目ですが、その間に東山線沿線の駅前の本屋はほとんどなくなってしまいました。でも、私たち自身は本が売れなくなっているとは思っていなくて、本自体はみんな欲している。ほしい人の目の前にポンと出してあげられれば買ってもらえる。そういう工夫をどれだけできるか、だと思います。

本屋が減っているのは、これまでの本屋というビジネスモデルが時代に合わなくなっているから。一般の本屋は1冊あたりの利率が低すぎて、しかも売れないといわれながら業界全体の出版点数はむしろ増えているので現場の仕事量が多すぎる。そういった流通面を含めた旧来のシステムを改善できれば、この先も生き残れるんじゃないでしょうか。

「これはうちで売れる! という本は出会った瞬間、大体わかります」という杏子さん。そんなON READINGならではのロングセラーのひとつが『庭とエスキース』(奥山淳志著、みすず書房)。若き写真家が北海道の丸太小屋で自給自足する老人の暮らしを追い続けた写文集

スマホやネットのせいで本が売れなくなっている、というのも一概にそうとも言えなくて、ＳＮＳのおかげで売れている本もたくさんある。うちも広報はほとんどＳＮＳを活用していて広告宣伝費がかからないので、うまく使いこなせば本は売れるし、本屋だってまだまだチャンスはあるはずです。

全国で増えている個人経営の個性派書店
若者が勢いで作っちゃった店のある街に

東京や大阪をはじめ、最近は個人経営の小さな本屋が全国で増えています。でも、名古屋はそれに比べるとあまり増えていないですね。**本屋に限らず、名古屋は若い人が勢いでやっちゃった、みたいな店が少ない。**今は〝本屋のつくりかた〟みたいな本がいっぱい出ていて、こうすればできる、って全部書いてある。僕らが始めた時よりずっと開業しやすくなっていて、やろうと思えば多分できるんです。うちだって最初はバイトしながら何とか続けてきたし、行き当たりばったりでもやっているうちに結構何とかなるものです。

例えば大阪に去年オープンした「ｔｏｉ ｂｏｏｋｓ」は６畳くらいの小さな店なんですが、文芸にすごく強くて文芸ファンが集まる店として知られています。鳥取の「汽水空港」は店主がセルフビルドした小屋が店舗で、ホールクライシスカタログという身の回りの困ったことから政治を考えようという面白い活動をしている。普段は大工をやったり焼き芋を売ったりもしているそうです。**最初から本屋だけで生計を立てようなんて思わなくてもいいんですよね。**こういう自由な発想のお店がいろいろあった方が、街が面白くなると思うんです。

「ブックマークナゴヤ」という本にまつわるイベントを2008〜2017年まで、市内の書店と合同で開催していました。毎年1カ月ほどの間、作家さんのトークイベントや古本市などいろんな企画をやって多くの人に楽しんでもらえたんですが、うちみたいな2人でやっている店にとってはかかわる時間や労力の負担がすごく大きい。本当はどこかで次の人にバトンタッチしたかったんですが、それもなかなか難しくて、10年でい

東山公園駅からすぐのマンション2階の一番奥にある一室が店舗。隣の一室もギャラリーとして運営している（ON READING　名古屋市千種区東山通5-19-2A　TEL052-789-0855）

った区切りをつけました。でも、個人の本屋が増えれば手分けしてやりやすくなる。本屋は、もちろん本を販売する場所ですが、それだけではなくて情報を発信したり、考えを共有したり、場所としての可能性はまだまだあると思います。それぞれの価値観やコミュニティを持つ店がたくさんできれば、面白いこともっとできるようになるはずです。

だから2030年の名古屋に望むのは、本屋に限らず小さくても面白い個人商店がたくさんできていること。そして、それぞれの個人商店を支えるのは、街で暮らす人たちだと思います。街で暮らす人々が、どれだけ自分の街を面白くしようと思えるか。その中で私たちも、お金になる・ならないにこだわらず、やっていることの質を高めて、深めていければいいなと思っています。

黒田義隆さん・杏子さん

（本屋&ギャラリー
「ON READING」店主）

1982年、一宮市生まれ（義隆さん）。81年、岐阜県関市生まれ（杏子さん）。ともに南山大学卒。2006年、長者町の再開発プロジェクトの一環としてリノベーションされたゑびすビルにギャラリー併設の本のセレクトショップ「YEBIS ART LABO FOR BOOKS」をオープン。11年1月に東山公園前に「ON READING」を移転オープンする。

ここにしかない価値が発見されつつある名古屋。独自路線をこのまま突っ走って！

吉川トリコさん
（小説家）

幼少期から名古屋（圏）で暮らし、名古屋を舞台にした小説も数々発表している吉川トリコさん。エッセイでも、女性特有の悩みや体験を赤裸々かつあっけらかんと綴り、また名古屋を題材にしては屈折した思いをユーモラスに語り、幅広い読者の共感を獲得している。近年活躍が目覚ましい名古屋作家の中でも、変わらずみずみずしい存在感を発揮している彼女に、小説の舞台としての名古屋、小説家が住む街としての名古屋について語ってもらった。

書店員さんが横のつながりを大事にし揃って応援してくれる

近年は名古屋でも作家のトークイベントや本をテーマとした催しが増えている。写真は名古屋発祥の日本最大級の読書会コミュニティー「猫町倶楽部」の読書会のひとコマ。右のエビフライの顔ハメを着けているのが吉川さん

本のタイトルにもしている通り、『ずっと名古屋』です。特に深い意味や思いがあるわけじゃないんですが、近郊の町で生まれ育ち、短大も名古屋市内だったので、単純になじみがあるから、ずっと名古屋。小説家としてデビューした頃には既にインターネットが普及していて、わざわざ東京に出て暮らす必要を感じられなかったというのもあります。

東京で暮らすことを思えば、名古屋の方が金銭的にずっと楽だし、仕事の面でも特にデメリットを感じることはありません。担当の編集者とは最初に必ず顔合わせをしますが、一度会って打ち解けられれば打ち合わせで何度も会う必要もないし、特に不都合はありません。

若い頃は東京の作家さん同士で仕事を紹介し合っているのがうらやましかったりしたんですけど、よく考えたらそういうコミュニティに属したいわけでもないし、今はまぁ名古屋でいっか、という感じです。

東京に比べれば小説家の絶対数が少ないので、地元の書店さんやメディアなどに積極的に応援してもらえることがメリットといえばメリットかな。新刊が出たら平積みしてくれたり、名古屋の16区を舞台にした短編集『ずっと名古屋』を出した時は、市内の書店員さんたちが感想を寄せ書きしたペーパーをつくって販促用の資料として配ってくれました。お店の人たちが一緒になって、こんなふうに力を入れてくれるなんてなかなかないんじゃないかな。サイン本を「えっ！」と思うほどたくさん置いてくれるお店もあって、長い間売れ残ってるといたたまれない気持ちになっちゃったりして、それはそれで切なかったりもするんですけど(笑)。

ＮＳＫ（名古屋書店員懇親会）という集まりがあるのも独特です。瑞穂区にある七五書店の店長さんが幹事を務める交流会で、本にかかわる仕事をしている人なら誰でも参加できる。季節に1回くらい開催され、私も何度か参加して、ここで知り合って仲良くなった人もいます。他の地方では似たようなグループがあっても活動はそんなに活発じゃないし、東京は逆に数が多い分小さな集まりがあちこちであって一堂に会することはあまりないみたい。東京や関西などからわざわざ参加する作家や出版社の人もいて、**横のつながりを大事にするという点で、すごく名古屋っぽいですよね。**

東京では、最近は作家や出版社の担当者が書店回りをすることがあまりないそうです。忙しすぎて本の知識がある人が現場に出られなくなってしまって、行ってもかえって仕事の邪魔になってしまうみたいで。その点、名古屋では顔を出すと歓迎してもらえて、いい関係が守られていると感じます。

都会っぽさも田舎っぽさもあり匿名の町として描きやすい

名古屋を舞台とした作品は『グッモーエビアン！』『ぶらりぶらこの恋』『ミドリのミ』『光の庭』『ずっと名古屋』などいくつかあります。今秋発売される『夢で逢えたら』も、東京へ出た名古屋の人たちが主人公なので、物語の半分くらいは名古屋が舞台です。

自分が知っている町だから書きやすい、というものすごく当たり前の理由で名古屋を舞台にすることが多いです。名古屋はいくらでも特色を出そうと思えば出せる反面、都会っぽさもあれば田舎の郊外都市的なところもあったりとのっぺらぼうの匿名の町と

映画化もされた『グッモーエビアン！』はじめ名古屋を舞台とした作品も多い

しても書けるところが気に入っています。たぶん、北海道や沖縄、大阪や京都では表情が出すぎて、こうはいかないんじゃないかな。

ただし、どの作品も名古屋色を前面に押し出した観光小説のようにはしたくなくて、そこで暮らす人たちの日常を書きたいといつも思っています。**東京や大阪を舞台にした小説がたくさんあるんだから、あたりまえのように名古屋を舞台にした小説だってもっといっぱいあっていいだろう、と。**

でも、『ずっと名古屋』のネットでの評判を見ていると、「もっと名古屋の特色が出ているものが読みたかった」「名古屋の食べ物や文化やスポットなどを登場させればいいのに」なんて感想をよく見かけます。これには、ごめんね、他をあたってね、という言葉しかありません。東京を舞台にした小説にそんなことを言う人はいないのに、不思議な現象ですよね。

保守的な悪役として ちょうどいい名古屋の親戚（？）

名古屋を書く時に限ったことではないですが、ステレオタイプに陥らないように、ということは常に念頭に入れています。見栄っ張り、ケチ臭い、身びいき、派手好き……、名古屋人ってこうなんだよ、というワードがいっぱいあるじゃないですか。その通りの人物を描くとしても、それを利用して意外性のある展開につなげるとか、そういうキャラクターを登場させる必然性がないと、それは人間じゃなくて単なる記号になっちゃう。

作品の舞台としては、もう少し多種多様な生き方が許容される町になればとも思うのですが、**保守的な結婚観・家族観の〝悪役〟として登場させるには、〝名古屋の親戚〟ってちょうどいいので悩ましいところではあります。**登場人物に前時代的なセリフを言わせる時って、自分の中で手加減するんですよ。若い人で今どきそんなこと言う人いないだろう、と思ってあえて年齢を上げたり。でも、こっちのそんな忖度を軽々と上回る、ギョッとするようなことを平気で言う人が実際にいるんですよね。「スマホを見ながら授乳するなんてけしからん！」とか。

同性の友だちも、趣味を楽しみながら生きている独身の子と、結婚して実家の近くに家を建てて子どもを2人育ててという子のどちらかにくっきり分かれていて、どっちがいいというものでもないんだけど考え方も含めて両極端。同じ土地で同じ時代に生きてるのに不思議だなぁと思っちゃいます。ただ、よその土地を知らないので、この保守的な考え方や生き方が名古屋だからなんだろうか？　という疑問はいつもあるんですけど。

今後は、**名古屋を舞台にした小説が当たり前にたくさん全国の書店に並ぶようになったら、その分、書店の棚ひいては文化が豊かになると思います。**映画化された『グッモーエビアン！』もメインは東京での撮影でしたが、栄のオアシス21と大須商店街のロケにきていました。スポット的にはずいぶんと観光的な場所ではありますが（苦笑）、そういう機会が増えるのはいいことなんじゃないかと思います。単純に自分が住んでる町を舞台にしたフィクションを観られたらやっぱりうれしいし、もしそれがヒットすれば聖地巡礼で全国から人がやってきてくれるだろうし。日本の地方の風景をスクリーンで見られる機会がもっと増えたらいいですよね。

自分のどこからどこまでが
名古屋人なのか薄霞の中にいる感じ

エッセイやインタビューで「名古屋について語ってください」という依頼を受けることが、ある時期からとても増えました。そのたびに、**困ったな、名古屋のことなんてなんにもわかんないよ、と思ってしまいます。**

生まれてから一度も〝名古屋圏〟以外で生活したことのない私には、今もって名古屋というものがどういうものなのか、他と比較することができないのでよくわからないでいます。なので、一言でズバリのような物言いにはならなくて、いつも先方をやきもきさせている気がします。

例えば、私は年齢の割に幼稚で無知で視野が狭いという自覚があるのですが、それが名古屋人だからなのか、職業柄なのか、それとも私個人がもともと持っている特性なのか、そのすべてが複合的にからみあって作り出されたものなのか、わからないでいます。なので、自分のどこからどこまでが名古屋人なのかはよくわからない。でもなんとなく、在東京の人たちとくらべると、薄靄の中にいる感じがどうしてもしてしまいます。ぬるま湯と言い換えてもいいんだけれど。名古屋で暮らしているからこそ醸成されるものはあるとは思っていますが、それがなんなのか言い切ることはできません。

小説もアートも生活にとけ込み段差なく楽しめる街に

最近は名古屋在住の小説家も増えてきて、大島真寿美さん……一番仲良しの作家さん。会うたびにたあいもないバカみたいな話ばかりしています……が昨年『渦　妹背山婦女庭訓　魂結び』で直木賞を獲ったのをはじめ高く評価される機会も少なくありません。

コトノハなごや©

名古屋市主催の文芸コンテスト
「コトノハなごや」の審査員も務める

その理由は、多様性という言葉が叫ばれるようになって久しいように、〝東京に行かない〟という選択肢を取るようになった小説家が増えたってことなんじゃないかと。絶対数が増えればその分、優れた書き手が増えるという理屈なんじゃないのかなぁ。それに、**物や人や情報が多すぎない名古屋は執筆には向いている環境だと思います。**中心から少し離れて、一歩引いた目線が持てるところもいいのかな？　確信は持てませんが……。

　人が集まるところに文化はできると思うので、いつまでも東京に集中させていたらもったいないしつまらないとも思います。最近では名古屋でも読書会やトークショーなどのイベントが頻繁に開かれていますし、小説家とふれあう機会が増えたのではないでしょうか。小説家に対しても、決して特殊な職業ではなく、**名古屋で暮らしている一人の人間が小説を書いているだけだ、ととらえてもらえるようになったらうれしいです。**

私自身、『コトノハなごや』という名古屋市主催の文芸コンテストの選考委員を3年ほど前から務めています。講評ですごく参考になるアドバイスをしてもらえるし、何か書きたい、と思っている人にとってはとてもいい企画です。これですぐデビューにつながる、というものではないけれど、文章を書いたり発表したりするという行為が多くの人にとってもっと身近になるといいな、と感じます。小説に限らず、ワンコインで参加できるワークショップなど、文化的なことにもっと気軽に参加できる機会が増えてほしい。あいちトリエンナーレにしても、アートに関心がある人だけが行くものじゃなく、いろんな文化が市民の生活にとけ込んで、段差なく誰もが身近に楽しめる、そんな名古屋になっていくといいな。

インターネットで世界が身近になったのと同時に、モノ消費からコト消費への関心が高まり、**ローカルなもの、そこに行かなきゃ手に入らない・体験できないものの価値が上がっているようにも感じます。もともと名古屋にはそういうものがたくさんあったので、ここにきてようやく〝発見〟されつつある。**変に東京っぽさを目指すんじゃなく、独自路線をこのまま突っ走ってほしいと願っています。いつまでものんびりまったりマイペースに。経済的に栄えることより、文化的な豊かさを優先する街であってほしいです。

その中で私は、10年後も20年後も、その時に興味のある題材をその時に出せる精一杯の力で書いていると思います。題材がどんなものだとしても、今と変わらず、少しでも世界がよくなりますようにという思いを込めて小説を書いていたいです。

吉川トリコさん

（小説家）

1977年、静岡県浜松市生まれ。小学1年の時に名古屋に移り、その後、長久手町（当時）、犬山市を転々。20歳からはずっと名古屋市民。2004年に『ねむり姫』で「女による女のためのR-18文学賞」の大賞・読者賞をW受賞し、同作を含む作品集『しゃぼん』（新潮社）でデビュー。名古屋を舞台にした小説は大泉洋らの主演で映画化された『グッモーエビアン!』や『ミドリのミ』、『ずっと名古屋』などがある。

名古屋めしを愛する名古屋人が日本中のローカルを元気にする！

大竹敏之さん
（フリーライター）

味噌カツ、味噌煮込みうどん、きしめん、ひつまぶし、手羽先……。名古屋特有のご当地グルメ〝名古屋めし〟。今では広く全国に知られるようになり、その老舗や有名店には観光客が行列をなすことも珍しくなくなった。名古屋市の観光客・宿泊客動向調査でも「名古屋めし」の人気や満足度は「名古屋城」と双璧をなし、今や堂々たる観光資源となっている。このバラエティーに富んだ料理の数々、地域の食文化をより活かしていくにはどうすべきなのか？　そのために必要なことは？　名古屋めしや名古屋の食文化に関する著書を数多く出版するフリーライターの大竹敏之さんの提言は、意外や名古屋の食から全国のローカル活性の話題へと広がって……。

90年代から名古屋情報を全国区の媒体から発信

味噌煮込みうどん、味噌カツ、きしめん、手羽先など、バラエティーに富んだ名古屋めし。風変わりなB級グルメ、というイメージもあるが、実は歴史や文化に根差した郷土の食文化だと大竹さんは主張する

最近は「グルメライター」と紹介されることも多いんですが、自分では「名古屋ネタライター」を名乗っています。名古屋の魅力や話題を取材して記事にするのが自分の役割だと思っています。

とはいえ「名古屋の取材、何でもやります」というスタンスでいると、食のニーズが一番多いので、必然的にグルメの仕事が多くなることは確かです。26歳でフリーになった時も、真っ先に請けた仕事はグルメガイド本の取材でした。名古屋は地元情報誌が非常に多い土地で、誌面の大半はグルメ情報です。ですから、名古屋でフリーライターを名乗っている人間の大半は、グルメ取材をメシの種にしていると思います。

私は名古屋の媒体だけに頼らず、東京の雑誌に名古屋の情報を発信しようと考え、フリーになって間もなく東京へ売り込みに行くようになりました。最初に東京の出版社を回った際、**某ビジネス誌の編集長に「名古屋ってライターいるんだ?」と驚かれたことは今でもよく覚えています。**これを聞いて私は「誰も営業に来ていないんだ。これはチャンスだ!」と思いました。思惑通り、くだんの編集長は、毎月ノルマのように名古屋情報を載せるページを与えてくれ、積極的に記事を採用してくれました。当時、建築デザイナーの神谷利徳さんが古民家改造居酒屋を次々ヒットさせていて、そのムーブメントをいち早く全国に紹介したり、まだ「名古屋めし」という言葉がなかった90年代に台湾ラーメンやあんかけスパ、名古屋流カレーうどんを名古屋限定グルメとして紹介する記事などを書いていました。その雑誌はビジネスマンなら誰もが知っているメジャー誌で、自分のような若造のライターが1人売り込むだけで誌面に毎月名古屋の情報を発信することができる。これが自分の役割だ。30歳前後だった当時、こう明確に思うようになりました。

名古屋めしの背景に地域と伝統と文化
「喫茶店と茶の湯」
「名古屋めしとうまみ」の関係に着目

グルメ取材は長くやってきたのですが、名古屋の食を地域特有の文化という視点から取り上げるようになったのはほんの10年ほど前からです。

きっかけは２０１０年に『名古屋の喫茶店』という単行本を出版したこと。それまでもコメダ珈琲店やコンパルなど、名古屋の有名喫茶店はくり返し取材していたのですが、書籍としてまとめるのならばタイトル通り「名古屋の喫茶店」らしさを何か見つけなくてはならない。そう考えて業界の歴史、焙煎や製パンなど周辺産業などの取材を重ねていくと、**モーニングやおつまみなど名古屋喫茶ならではのサービスもちゃんと歴史的、文化的背景があって生まれたものだと分かってきた。一番の発見は、名古屋人の喫茶店好きは尾張徳川の時代から庶民に親しまれてきた〝一服の文化〟が影響している、ということでした。**単にお店を紹介するだけでなく、そういう深掘りした考察もコラムとして盛り込みました。当時はまだカフェブームの時代で、昔ながらの喫茶店がメディアに取り上げられることはほとんどなかった。『名古屋の喫茶店』は、名古屋では誰しもにとって身近なのにまとまった情報がなかった喫茶店に着目し、なおかつ単なるグルメガイドではない読み物としても楽しめる本と評価され、おかげさまで何度も版を重ねるロン

『名古屋の喫茶店　完全版』『名古屋の酒場』『名古屋めし』など、名古屋をテーマにする書籍を多数出版する

グセラーになりました。

以降、『名古屋の居酒屋』『名古屋メン』『名古屋めし』など、毎年のように単行本を出版するようになりました。多くは食の本ですが、どの本でもそれぞれの分野の名古屋という街との関係性を調べることを心がけました。その中で**「喫茶店と茶の湯」に続く大きな発見だったのは、「名古屋めしとうまみ」の関係です。**バラエティーに富んだメニューがある名古屋めしですが、その多くに共通するのがうまみです。その背景にはこの地域だけでつくられ、食されてきた豆味噌がある。**豆味噌は他の味噌と比べてうまみ成分が2倍もあり、私たち名古屋人はこれを食べて育ってきたからこそうまみ嗜好になり、その嗜好に合わせて生まれて広まった料理こそが名古屋めしだと考えられる。**さらに、うまみ嗜好は名古屋だけのものではなく、うまみという味の種類

自体が日本で発見されたものであり、和食の味つけの基本となっている。ということは、**和食の一番の特徴であるうまみを、日本中のどこよりも強調したものが名古屋めしだといえる。つまり、名古屋めしは外国人にも日本食らしさを分かりやすく伝えることができる料理**だといえるのです。

名古屋めしの個性のひとつひとつに意味がある

この他にも取材を通して多くの気づきがありました。豆味噌には煮込むほどおいしくなるという他の味噌にはない特徴があり、だからこそ味噌煮込みやどて煮、味噌カツは誕生した。たまり醤油はもともと豆味噌の上澄みのため、やはり他の醤油と比べてうまみが濃く、きしめんのつゆも主にたまり醤油ベースなので名古屋人のうまみ嗜好にマッチする。きしめんの麺は、ただうどんを薄くしただけではなく、塩分濃度の高い固い生地を延ばすことで薄いのにコシがある仕上がりになる。名古屋のうなぎの蒲焼はたまり醤油でタレをつくるためこってり濃厚で、だから細かく刻んでもお茶をかけても食べごたえが損なわれな

豆味噌は東海地方限定の伝統的調味料。
そのうまみの濃さが名古屋めしを生んだ

いひつまぶしが生まれた。台湾ラーメンの激辛ミンチやあんかけスパのソースも、肉や野菜をじっくり炒めたり煮込んだりしてうまみを凝縮してあるからこそ、名古屋人に受け入れられた……などなど。**とかくB級とか風変わりとかいわれがちな名古屋めしですが、個性のひとつひとつにちゃんと意味がある。地域の伝統や風土に根ざした堂々たる郷土の食文化だということに気づいたんです。**

喫茶店にしても名古屋めしにしても、それ以前は〝コメダはモーニングで人気〟〝ひつまぶしなら蓬莱軒がおいしい〟といった「点」の情報でしかなかった。それが、歴史や文化的背景を調べて関連性を見つけることで、バラバラだった「点」と「点」が「線」でつながり、食文化という大きな「面」として語ることができるようになりました。

名古屋人が名古屋めしを知らないことが一番の課題

近年は名古屋めしの有名店に観光客が行列をつくることも珍しくなくなりました（コロナ禍で影響を受けた店も少なくありませんが）。名古屋めしは確実に街の観光資源になっています。

しかし、まだまだ課題はあります。**その最たるは地元の人が名古屋めしのことを正しく理解していないことでしょう。**何でもかんでも味噌をかける。きしめんは新幹線のホ

名古屋の喫茶店では常識のモーニングサービス。その背景には尾張徳川藩政期からの茶の湯の文化が……！

ームが一番うまい。喫茶店のモーニングは名古屋人ががめついから仕方なくおまけをつけている。B級グルメばかりでわざわざよその人にお薦めするようなものじゃない……。そんな風に思い込んでいる名古屋人の何と多いことか。

この名古屋めしに対する地元の人の自信のなさは、名古屋という街に対する名古屋人の自己評価の低さにも相通じます。80〜90年代、名古屋は東京のメディアから揶揄の対象とされることが多く、とりわけ味噌カツをはじめ独特の料理の数々はゲテモノ扱いされることも少なくありませんでした。そのトラウマをいまだに払しょくできないのか、「名古屋なんて何もないよ」と自虐したり、「住みやすいから観光客に来てもらわんでもええんだわ」と斜に構える人が、特にミドル〜シニア世代に多く見られる気がします。

ところが、そんなネガティブな自己評価とは裏腹に、名古屋を訪れる観光客は急増しています。

2006年に年間3000万人程度だった観光客数は2018年には4700万人超と10年余りで50%以上増えているのです。せっかく楽しみに来てくれている人たちに対して、「名古屋なんて何にもない」などと言うのは謙遜ではなく非礼です。名古屋めしに期待してやって来る人たちに対しては、先に述べたようなバックボーンを解説したり、お気に入りの店を積極的に紹介することこそが、正しいおもてなしであり、ホストタウンとしてのマナーではないでしょうか。そのためにも、まず地元の人が日ごろからおいしい名古屋めしを食べ、理解と愛情を深めることが必要なのです。

ローカル代表として胸を張ってご当地自慢を

最近は街歩きツアーのガイドもやっています。純喫茶、和菓子、名古屋めしなどをテーマに、食べ歩きや買い回りをして巡ります。名古屋市などが主催のやっとか

ミラノ万博2015で、愛知県と名古屋市は名古屋めしの試食ワークショップを開催。世界の人が名古屋めしをどう感じるのか？　何と自腹で現地取材を敢行

純喫茶や和菓子を巡る街歩きツアーのガイドも務める。写真は大ナゴヤツアーズ「名古屋の純喫茶めぐり」のひとコマ

め文化祭、大ナゴヤツアーズなどのプログラムとして、年間10本前後催行しています。道中や訪問先で私がレクチャーするのに加えて、お店の人の話を聞いたり、菓子づくりの実演を見せてもらったり、普通にお客として訪れるのでは味わえない付加価値をつけています。参加者は地元の方が中心ですが、中には関東や関西など遠方からわざわざ来てくれる人もいる。このツアーが毎回盛況なのは、名古屋の食文化が観光のコンテンツになり得ることを証明していると言えます。

　ただ、私としては名古屋めしで観光客をどんどん呼び込みたい、というよりも、**地元の人が普段から郷土の食文化に関心を持ち、他所の人が来てくれた時には愛情を持って正しく紹介してくれればいいと思っています。**その結果として他府県や海外の人が名古屋めしへの興味を深めてくれ、お店がにぎわい、地域の食文化が末永く継承・発展していってくれることこそが私の望みです。

名古屋人が名古屋めしに愛情と誇りを持つ。これは実は名古屋の食に限った話ではなく、日本中の町々のアイデンティティの確立に通じるものです。津々浦々の地域、地方が多様性を認め合い、元気でいるためには、そこに暮らす人が町に愛着を持ち、文化を継承していく、そんな地に足の着いた姿勢が欠かせません。名古屋は「日本第3の都市」ではなく、「日本中のローカルの代表」を目指すべき。背伸びして東京に対抗するよりも、東京とは違う、東京にはない個性を磨いていけばいい。そんな立ち位置を確立しようとした時、食はすべての人の生活にかかわりがあり、とりわけここにしかない個性を持つ名古屋めしは、地域の固有性を際立たせるにはうってつけです。名古屋人が名古屋めしに誇りを持つことは、名古屋こそが素晴らしい〝名古屋ファースト〟を主張するためではありません。**日本中の人たちが自分たちの地域の文化にアイデンティティを持つ、そのモデルケースとして、まずはローカル代表の名古屋から胸を張ってご当地自慢をしてほしいのです。**

今の名古屋の若い世代は、ひと昔前の名古屋コンプレックスから解放されて、地元の文化を前向きに知りたい、楽しみたいという人が増えていると感じます。2030年は彼らが主役となって、街や食の魅力を深く理解し、広く発信してくれているはず。それを受け止めた1人1人がまた「名古屋好き」になり、ひいては「地元好き」になる。こうして日本中に元気な町が増えていく。名古屋人が名古屋めし好きになることは、日本中のローカルが元気になることにつながるのです。

大竹敏之さん（フリーライター）

1965年、愛知県常滑市出身。立命館大学産業社会学部卒。名古屋の出版社勤務を経て、26歳で独立してフリーライターに。雑誌、新聞、Webなどに名古屋情報を発信し、「名古屋ネタライター」を自称する。2010年に出版した『名古屋の喫茶店』（リベラル社）がご当地ロングセラーとなるヒット作に。以後、『名古屋の居酒屋』『名古屋メン』『名古屋めし』『名古屋の酒場』（いずれもリベラル社）、『なごやじまん』（ぴあ）など、名古屋の食や文化に関する書籍を数々出版する。なごやめし普及促進協議会アドバイザー、あいちみんなのサラダプロジェクト実行委員など、様々なご当地グルメのプロジェクトにもメンバーとして名を連ねる。Yahoo!ニュースでは「大竹敏之のでら名古屋通信」で独自の視点による名古屋のニュースを配信中。

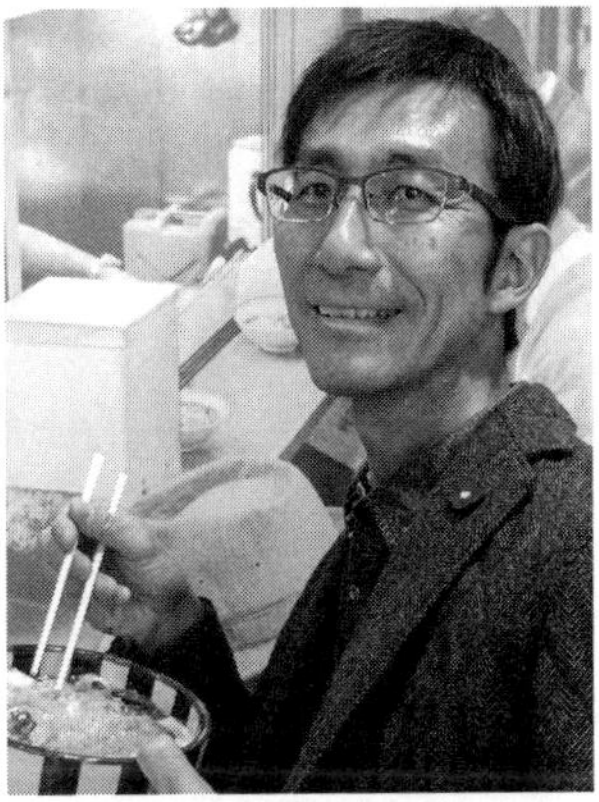

人

包括される多様性ではなく、自生する多様性を愛知・名古屋から

伊藤たかえさん
（政治家、参議院議員）

立候補当時、子どもたちはまだ1歳と3歳。「日本初の育休中の国政出馬」が論争を巻き起こしながらも、見事初当選を果たした伊藤たかえさん。現在も二児の母として、子育てと国会議員の職務の両立に日々奮闘している。子どもを育てる母の視点、政治の世界ではいまだ少数派の女性の視点から、これまでの政治家が取り組んで来なかった社会課題に着目。子どもたちや社会的マイノリティなど、当事者に直接声を聞きながら、いま私たちの暮らしに身近なところから、確実に変化を起こしている。生活者にして政治家である伊藤さんには、今の日本の政治はどのように見えているのか？　そして愛知、名古屋の未来はどのように映っているのだろうか？

次女の耳の障がいをきっかけに立候補
子ども不在の政治を変える「心震える」政策を

本会議での質疑。寄せられた声を総理や大臣の耳に届けるため、原稿はすべて自分の中から絞り出す

自分が政治の世界に飛び込むなど、考えたこともありませんでした。きっかけは次女の誕生です。彼女は産後間もなく左耳に障がいがあると言われました。本音をいえば、その時はひどく落ち込み、自分を責めました。眠れない夜を過ごす中で、血眼になって障がい者を取り巻く法律や制度、社会のありようも調べました。調べて調べて、この国の現実に落ち

込むという無限ループです。そんな時、インターネットである政治家が**「政治家は、納得のいかない法律や制度があればそれを直接変えることが出来る唯一の職業」「子どもたちの未来をつくることができる」**と言っているのを見て、涙が止まりませんでした。世の中は障がい者に優しくない、社会は不公平だと愚痴を言いながら生きるのではなく、無慈悲や不条理があるなら、それを変える母としての人生を生きたいと思ったんです。

「小さな子どもがいるのに選挙だなんて」。選挙活動中に幾度となく投げかけられた言葉は、議員になってからも相変わらずです。「子育てしながら政治家なんて出来るのか」「子どものお迎えを理由に夜の会合を欠席するなんてけしからん」「神聖な国会に子どもを連れて来るなんて非常識だ」……次女が待機児童だったため、事務所の一角がキッズスペース化していたことに対しても、電話やメール、ＳＮＳなどで約１５００件ものご意見をいただきました。

他の議員は一体どうやって育児しながら政治活動をしているのだろう？　調べてみると未就学児を育てる母親は、衆参両議院合わせて20人いらっしゃることが分かりました。ただただアドバイスがほしくて、ただただ仲間がほしくて、党派関係なく1人1人を訪ね歩いたことが、**２０１８年３月「超党派ママパパ議員連盟」**（会長：野田聖子衆議院議員　副会長：高木美智代衆議院議員、蓮舫参議院議員　幹事長：橋本聖子参議院議員）立ち上げにつながりました。当初16名のメンバーで始まった議連も今や80名を超す大所帯。ママパパのみならずジジババやプレママパパにいたるまで、気づけば国会議員全体の1割以上、女性に限れば3割以上が参加する巨大議連になりました。

議連では、子ども子育て政策の推進や、子育て世代の課題を自身の問題として考えられる議員を増やすための活動に取り組んでいます。今までに、乳児用液体ミルク解禁に向けた活動や、フリーランスで働く女性の育休産休保障に関する勉強会、児童虐待防止対策に係る大臣申し入れや、女性が選挙に立候補する際の課題可視化など、活動は多岐

(上) 議員会館事務所の一画はさながらキッズスペース。伊藤さんの子どもたちだけではなく、子連れで陳情に来る人たちの憩いの場に
(下) 伊藤さんの呼びかけで多くの議員が集まった超党派ママパパ議員連盟の設立総会

にわたります。今後は、生殖補助医療（不妊治療）や子どもの性被害防止に関する法整備、シングルマザーの養育費途絶問題などにも取り組みたいと思っています。

２０１８年８月には地方自治体議員による「子育て議員連盟」も発足し、地方と国で連携を図りながら活動しています。ちなみに議連は毎回、子連れ出席ＯＫです。

資源のない国・日本が取り組むべきは人と未来への投資

日本が今、早急に取り組まなければならない課題は、人と未来への投資です。２０１９年生まれの赤ちゃんは、１８９９年の統計開始以来、最低の86万４０００人。推計より2年前倒しで90万人を割り込みました。私の父が生まれた第一次ベビーブームには２７０万人、私が生まれた第二次ベビーブームには２１０万人の赤ちゃんが誕生しましたが、この国に第三次ベビーブームは起こりませんでした。団塊ジュニア世代がいかにして家族を持てるか、子どもを産み育てていけると思える労働環境や両立環境をつくれるか、それに取り組まなかった政治の責任です。自分たちの世代がそうだったから、子どもは自然に生まれるものだと思ってしまったのかもしれません。

遅くとも90年代に適切な対策をとっていれば１００万人は保てていたはずで、氷河期世代にセーフティネットをつくる役割を放棄し、自己責任で押し通そうとしてきた、そのツケが現在の少子化です。親になる世代が既に少ないのですから、出生率がいくら上がっても、焼け石に水というのが大方の専門家の意見です。

それではどうするか？　天然資源のないこの国の唯一の資源は人材。子どもが産まれないのであれば、今生きている子どもたち、これから生まれる子どもたちに投資をする。人への投資、特に貧困対策はどこの国よりも一生懸命やらないといけません。人材を育てれば、いずれは納税者になり、国際競争力の高い技術を発明したり、産業を生み出してくれるかもしれません。

女性の前に立ちはだかる「アンコンシャスバイアス」

今の日本の子育て世代の課題は、ＷＬＢ（ワークライフバランス）ならぬＷＬＣ（ワークライフコンフリクト＝衝突）です。**ワークとライフはバランスを取るものではなく、ワークはライフの中のただのパーツに過ぎません。**にもかかわらず必死で両者のバランスを取らなくてはならないと考える人は多いのではないでしょうか。25年前に比べ初婚年齢は3歳上昇し、30歳前後に結婚した我々世代は、家庭の中に育児や介護が発生する時期と、会社の中でプロジェクトを任されたり管理職になったりする時期が重なります。どちらも大切で、どちらもがんばりたいからこそ、家庭の中にコンフリクトを抱えることになります。また職場の中でも「子どもが熱出したからって帰るなんてズルい！しわ寄せが来るのは独身の私だ」などといった対立も生まれます。また夫婦の家事育児時間において、妻への偏りが国際的にみても異常なレベルであることは、アンコンシャスバイアス（無意識の偏見）や日本の長時間労働を是としてきた労働現場の課題にもつながります。

日本において、女性が社会で活動しづらいと言われる一因に、「『3歳児神話』の呪い」など「アンコンシャスバイアス」があるのは否めません。「3歳児神話」とは、母親は子どもが3歳になるまで子育てに専念すべきであり、そうしないと子どもに悪影響を及ぼすという考え方です。医学的・科学的データに基づかない都市伝説に過ぎないのですが、日本ではこの固定観念が根強く、これが幼い子どもたちを育てながら働く母親たちの罪悪感の下敷きになっています。男女間や祖母・母親世代との価値観の相違のみならず、同世代女性間でも母性を分断要素にした子育て論争は後を絶ちません。

　加えて私たちは、日本の「男性を標準モデルとして女性を適応させる形の〝女性活躍推進〟」の何だか腹に落ちない感じをまだちゃんと言語化できていない。保守的な家族観を前提として、**男性社会の中にレッドカーペットを敷き、ガラスの靴で歩く女性活躍推進はいりません。女性に旧来の家庭責任に加え仕事も頑張れ（男性の働き方は変えられないけど）というイイトコ取りの女性活躍などありません。ケアと長時間労働はどうやっても両立しない**のです。

2016年の参議院選挙で

よく「女性活躍推進って必要なの？〝女性は家庭〟の何が悪いの？」という方がいますが、別に悪くありません。その人の人生において、家庭を守る、仕事をする、またはその両方に挑戦する。それはとても個人的な選択で、どの道を選んでもいいようにフォローするのが社会であり政治です。ただし、性別役割分業を維持したまま出生率が回復した例は世界にありません。様々な研究から女性の就労と出生率の関係はポジティブです。だからこそ**女性が、**

①学校を卒業したら働ける場所を得る

②妊娠や出産で辞めなくていい

③育児と仕事を両立できる

④仕事を一度辞めてもまた別の働く場所に戻っていけることは大切で、少子化が日本の最重要課題だというのであれば、女性の多様な生き方を応援することこそ、極めて合理的な政策だと言えます。

シスターフッドで
「仲間をつくって」「じわじわ変える」

日本は、ジェンダーギャップ指数（世界153カ国の男女格差）で、先進国中最下位の121位。かなり恥ずべき順位です。にもかかわらず危機感が浸透していないことも また根深い問題といえます。特に順位を押し下げているのが経済分野（115位）と政治分野（144位）。女性を取り巻くあらゆる不条理（非正規雇用や職業差別、賃金格差やハラスメント、シングルマザーの課題や、育児や介護、家事を担うのが女性に偏っていることなど）への政策的手当が一向にされないのは、**法律というこの国の「当たり前」をつくる場所に女性の視点が少ない**ことと決して無関係ではないと思っています。

これを解決するために必要なのは**「シスターフッド」＝大きな目標に向かうあらゆる年代の女性同士（もちろん男性も）の連帯**です。日本社会は急激に変化することを嫌います。声高に「おかしい！　変えよう！　この指止まれ！」と言っても、今の世の中のメンタリティからすると賛同を得にくい。ですから、「仲間をつくって」「じわじわ変える」の2つがポイントになると思っています。

社会の中で、女性はたくさんの〝なぜ？〟にさらされます。独身でいれば「なぜ結婚しないの？」と聞かれ、結婚すれば「なぜ子どもを産まないの？」と問われ、母親になったら今度は「なぜ子どもにさびしい思いをさせてまで働くの？」と。働くお母さんは今や7割を超えているというのに。

我が子が二十歳になった時も、きっとこの理不尽はまだ消滅していないでしょう。でも、1人で「こんなのおかしい」と言っていても、それは愚痴に過ぎません。でも、**2人でいえば意見になる。3人でいえば兆しになり、大勢でいえばうねりになる。自分の半径3ｍ〃以外〃の人を巻き込んで初めて社会課題は解決に向かうことを、記者時代の取材から学びました。**だから「仲間をつくって」「じわじわ変える」、これを常に意識しています。

ダイバーシティ＆インクルージョンではなく、インクルージョン＆ダイバーシティ

愛知はよく〃保守的〃だといわれます。それはデータにも表れており「固定的性別役割分担意識」＝**「夫は外で働き、妻は家庭を守るべき」と考える人の割合は、全国平均が35％のところ、愛知県平均は40・7％、男性のみに限れば何と46・5％です。**（内閣府、愛知県調べ。

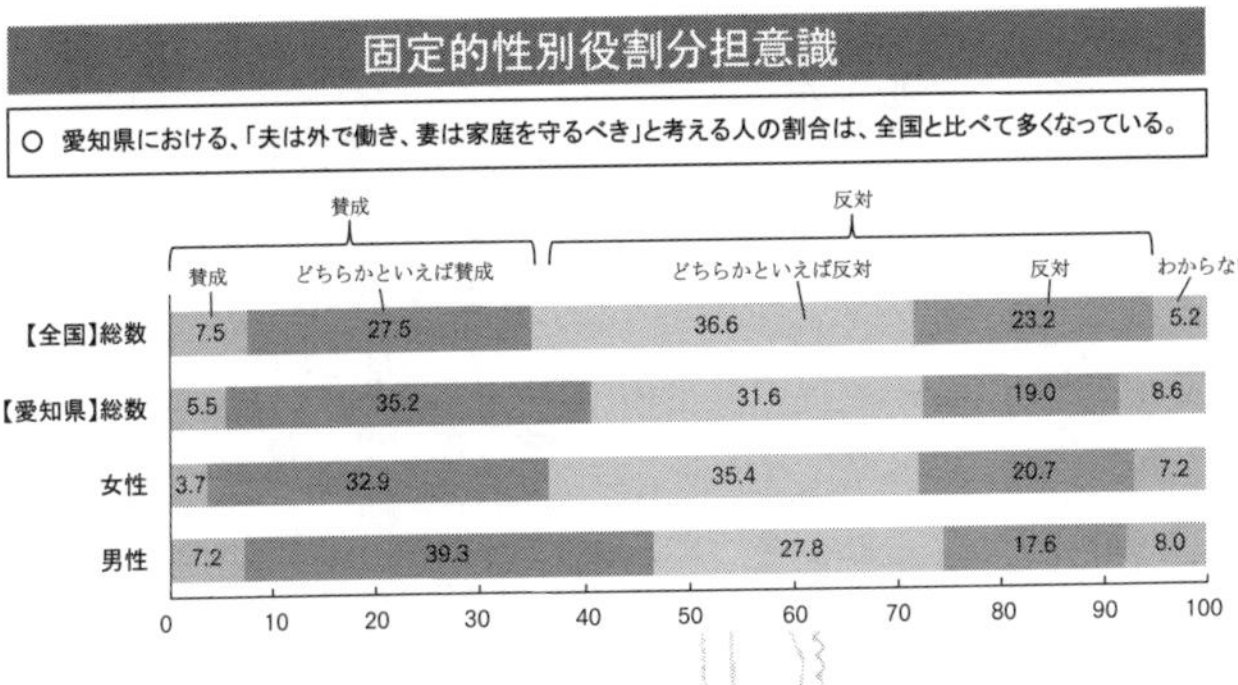

男女共同参画推進課
提供資料より

2019年)。他にも出産・育児による女性の離職を示すM字カーブ(年齢ごとの女性の労働力率)の底が深く、県内の上場企業のうち、女性役員のいる割合、女性管理職の割合なども軒並み全国平均を下回っています。

一方で誇れる点ですが、愛知県は全国に先駆けて「子どもの貧困対策検討会議」を設置し、2018年に「愛知こども調査」を実施しました。子どもの貧困が社会問題になって久しいにも関わらず、その県別実態すら国は把握しておりませんでした。データがないということは、それらを解消する具体的な対策も立案されないということです。そこで愛知県は独自で調査を行い、貧困状態にある子どもが何市に何人いて、何で困っているか？　何を必要としているか？　を調べたのです。

愛知、名古屋の強みは何といっても経済が強いことです。1人当たりの県民所得は全国2位。15歳未満の人口割合は全国6位と若者も多い。ここにしっかり投資をすることが、未来のこの街を強くする唯一の方法です。

今の意思決定層にいる年代とは違う価値観、新しい当たり前感覚を持った若者たちに異次元に投資し、多くの出会いや機会、体験を贈り、彼らがいろんな翼を持って、いろんな場所に飛び立っていける環境をつくることが肝要です。

最近、はやり言葉のように「ダイバーシティ&インクルージョン」といいますが、ダイバーシティ(多様性)をインクルージョン(包括)するんだと言っているうちは、大した多様性は生まれないでしょう。どんな自分たちでも包括してくれる環境があると多くの人が感じれば、多様性は勝手に、自然に、生まれるものです。目指すべきは「ダイバーシティ&インクルージョン」ではなく、「インクルージョン&ダイバーシティ」。私が10年後、20年後、30年後の名古屋、愛知に望むのは、それが当たり前になっている人の心と街の景色です。

伊藤たかえさん

（政治家、参議院議員）

1975年生まれ、名古屋市出身。中学から大学まで金城学院で学生生活を送る。テレビ大阪の報道記者、資生堂を経て、リクルート在職中の2013年、金城学院大学文学部日本語日本文化学科の非常勤講師着任。2016年の第24回参議院議員選挙に愛知県選挙区から立候補し、当選。参議院では予算委員会委員、文教科学委員会委員、地方創生および消費者問題に関する特別委員会筆頭理事等の他、超党派ママパパ議員連盟事務局長を務める。趣味は「マッチング」で、これまでに17組のカップルをゴールインさせている。

タレントとして未来の名古屋にできること

鈴木ちなみさん
（モデル・タレント）

モデル、タレントとして全国区で活躍する一方、地元である東海地方での活動にも積極的な鈴木ちなみさん。フットワークも軽やかに東海の各所へ出かけ、その魅力を爽やかな笑顔とともに届ける彼女の、東海地方、そして名古屋への思いとは——？

「都会！」から「ほっと落ち着くホーム」へ

中学、高校と金城学院で、実家のある岐阜県多治見市から6年間、電車で通学していました。田舎育ちだった私にとって、名古屋はとにかく「都会！」「お店もいっぱいある！」という印象。あとは「山がないな〜」(笑)。遊ぶのはもっぱら栄。当時は名駅よりも栄の方が遊びやすい場所で、パルコに行ったり、プリクラを撮ったり、地下街をただただ歩き回ってウインドーショッピングしたり。「みんなこんな都会に住んでいてスゴいなぁ」とのん気に思っていました。逆に名古屋の友達が多治見に遊びに来てくれた時は中央線の電車がトンネルに入ったのを「トンネルを越えて行くの!?」とびっくりしていましたね(笑)。でも、だからといって自分の地元に対してコンプレックスを感じるようなことはありませんでした。

高校卒業後にスカウトされてモデル活動を始めて、東京が活動の拠点になったんですが、そうなると今度は新幹線で**名古屋に帰ってくるたびに「あぁ、ホームへ帰ってきた**

なぁ」と感じるようになりました。 東京へ向かう時は緊張するけど、名古屋へ戻ってくるとほっとできる。そこから乗り換えて岐阜へ向かう電車に乗ると、もう何も考えずにどれだけ寝ちゃっても多治見に着いたら起きられる、そんな安心感がありました。駅の名前が全部頭の中に入っているし、耳に入ってくるのは聞き慣れたイントネーションだし、そういう何気ないことで心が落ち着くんだなぁと実感しました。

ほっとするというと食べ物もそうですね。岐阜と名古屋の食文化は共通点が多くて、味噌煮込みうどんはよく食べていましたし、どて煮もおばあちゃんがよく作ってくれていました。ある時、東京で「あ、味噌煮込みが食べたいな」と思ってスーパーへ行ったら、ないんですよ。名古屋や岐阜のスーパーだったら必ず袋入りのが売ってるじゃないですか。あって当たり前だと思っていたものがない、と知った時はショックでした。それくらい東海の食文化は自分の中にしみ込んでいるんだなぁと感じました。

海外ロケを経験し意識は地元へ

22歳の時にフジテレビの『めざましテレビ』の海外ロケのコーナーを担当させてもらうことになりました。仕事で海外へ行きたい、という思いはずっとあったのでとてもラッキーでした。いろんな国へ行かせてもらいましたが、**旅を通して何より印象的だったのは、いろんな価値観、いろんな普通がある、**ということでした。国や地域によって文化が全然違っていて、そしてみんな自分の住む国や街のことをよく知っている。文化のこと、政治のこと、こういう価値観の中で自分たちは生きているんだということ……。それを情熱的に発言、発信できる人がすごく多いんです。

逆に「君の生まれた町には何があるの?」と聞かれるとほとんど答えることができない。行く先々でそんな経験をしたことで、日本のこと、東海地方のこと、岐阜のこと、名古屋のことをもっと知りたいと思うようになりました。**海外へ出て行ったことで、逆に地元へ意識が向くようになったんです。**

その頃から、岐阜へ帰った時には両親と一緒に周りの街へドライブへ行くようになりました。白川郷の合掌造り集落や美濃のうだつの上がる町並み……。焼き物の町で育ったこともあって、心惹かれるのは工芸品が多いですね。

焼き物はやっぱり美濃焼が好き。黄瀬戸、瀬戸黒、志野、織部と伝統的な4つの種類があって、志野なら荒川豊蔵さん、瀬戸黒なら加藤孝造さんなど、それぞれの技法を継承する人間国宝をこの地方が輩出しているのはすごいことだと思います。幼い頃からすごく身近なものでもあり、父方のおじいちゃんの家では棚にたくさん飾ってありましたし、母方のおじいちゃんの家には窯がありました。**小学校では給食の食器に陶器が使われていました。**地元の特産品だし、器は割れるものだと身をもって分かるし、今考えると陶器の町らしいとてもいい食育でした。実家は笠原という町で、2016年に開館したモザイクタイルミュージアムがある地域です。ミュージアムが建っているのはかつて町役場があった場所。両親が役場の職員だったので、小さい頃は「お父さんいますか?」とよくのぞきに行っていた、それくらいなじみのあるところなんです。

そんなふうに自分の意識が地元へ向き始めた頃、25歳くらいから名古屋のお仕事が増えてきました。東海テレビの『スタイルプラス』(現在は終了)、メ~テレの『デルサタ』、他にもこの地域の企業のCMや、多治見市観光大使、飛騨・美濃観光大使など……。このお仕事を始めた頃から、地元のお仕事をやりたいなと思っていたので、これはとてもうれしいことでした。あらためて東海3県のあちこちを巡らせてもらうようになって、モノづくりや食文化など、地元の魅力を深く知る機会が広がりました。

例えば碧南の鋳物。鋳物って重いし、メンテナンスに手間がかかるし、お手軽さや便利さを求める今の時代とは逆を行っていると思われがちなんですが、伝導率が高くて、安いお肉でも鋳物のフライパンでソテーするとおいしくなるし、卵焼きも中身がとろっとしておいしくできる。取材で生産者の方から直接お話を聞くと、よりその技術のスゴさが分かるし、つくっている人たちがどういう思いでつくっているかが分かる。実際に家で使っているんですが、使うたびに生産者の皆さんのお顔が浮かんできて、ますます愛着がわいてきます。

ＳＮＳを活用しみんなで魅力の発信を

愛知はやっぱりモノづくりの町。他にも、木工、和紙、工作機械などいいモノはたくさんありますよね。でも、**この地方では〝いいモノをつくっていれば分かってもらえる〟と思って、自ら発信することが後回しになってしまっている**ことが多い気がします。よくいえば奥ゆかしいのですが、厳しく言えば、それでは宝の持ちぐされになってしまいます。私はせっかく取材でそれを知り、伝えられる立場にあるので、何とかその魅力をいろんな場所で発信したいと思っています。テレビではもちろんですが、ブログやインスタでも、本当にいいと感じたものは発信するようにしています。

でも、つくっている人、体験した人、もっともっといろんな人に発信してもらいたい。私自身、情報を探すときはＳＮＳで＃タグ検索するんです。ステキなカフェがないかな？　と思ったら「＃名古屋」「＃カフェ」とか……。生の最新の情報が得られるので、とっても便利で面白い。今は言葉のコミュニケーションだけじゃなく、ＳＮＳという世界に届くツールがあるんですから、モノづくりの人たちにも積極的に活用してほしい。人によって向き不向きはあるでしょうが、ツイッターにインスタ、ブログといろいろあるので、たくさんは書けないという人ならツイッター、写真でアピールするならインスタ、しっかり文章で伝えたいのならブログと、自分に合っていて少しずつでも続けられるものを使えばいい。それでもやっぱり苦手、という人だったら、若いバイトさんとか身内の人とかに任せちゃえばいいんです。

今の若者はSNSネイティブなので、情報を集めてまとめる力もあるし編集も撮影もできる人が多い。それにユーザーに近い目線でモノを見られるので共感も得られやすい。そういう視点で見ると、**職人さんが何かを削っている様子とか、和菓子屋さんの一日とか、当事者にとっては何げないルーティーンが新鮮だったりする**し、そういう動画が実は興味を得られる可能性だってある。もしかしたら思いもよらないきっかけでバズることだってあるかもしれない。職人さんは手の内を明かしたくない、と考えるかもしれないですが、YouTubeの動画を見たところで同じようにはできません。料理だって、レシピや動画を見たって同じようにはできないじゃないですか。ダイバーシティというように今は価値観が多様化しているので、そういうコアなものが面白いと受け入れられるチャンスもあるし、自分たちらしいカッコよさを発信することで、情熱や夢や技術のスゴさを伝えることができると思うんです。これから先、発信することの大切さがもっと理解されて、受け取る側も自分たちがいいと思う情報をキャッチしてそれを認めてさらに広めていける。そんな多様な価値観が共有できる世の中になっていけばと思います。

私たち世代がリードする10年後の名古屋

10年後の名古屋は、自動運転の車がたくさん走っているスマートシティになっているかもしれないですし、名古屋や東海圏の人口密度が今以上に高まっているかもしれません。**そんな中で私自身は、やっぱり名古屋で仕事をしていたい。**名古屋、そして東海地方が大好きなので、メディアを通して、皆さんの生活に役に立つ情報、ちょっとほっとする情報、日常の中で何かしら興味が持てることを、分かりやすく伝えていきたい。2030年は今の私たちの世代が先頭に立って引っ張っていく時代になっているはずで、今から何か少しずつでも準備をしていかなくちゃいけないと思っています。ただし、私は器用ではなくてひとつひとつ目の前のことをコツコツやるタイプ。それを積み重ねていくことが、2030年に向けて今、自分ができることだと思っています。

鈴木ちなみさん

(モデル・タレント)

1989年生まれ。岐阜県土岐郡笠原町(現・多治見市)出身。高校卒業後にスカウトされ、モデル、タレント活動を始める。ファッション誌『with』モデル、2010年度東レキャンペーンガール、フジテレビ『めざましどようび』海外コーナーリポーターなどを務めて全国的な人気を獲得する。メ〜テレの情報番組『デルサタ』の司会、多治見市観光大使、飛騨・美濃観光大使など名古屋や東海地方での活躍も目覚ましい。趣味は書道と新体操。

名古屋は面倒見がいい人が多い街
男女の区別なく誰もが
健全に働ける意識づくりを

恩田千佐子さん
（中京テレビアナウンサー）

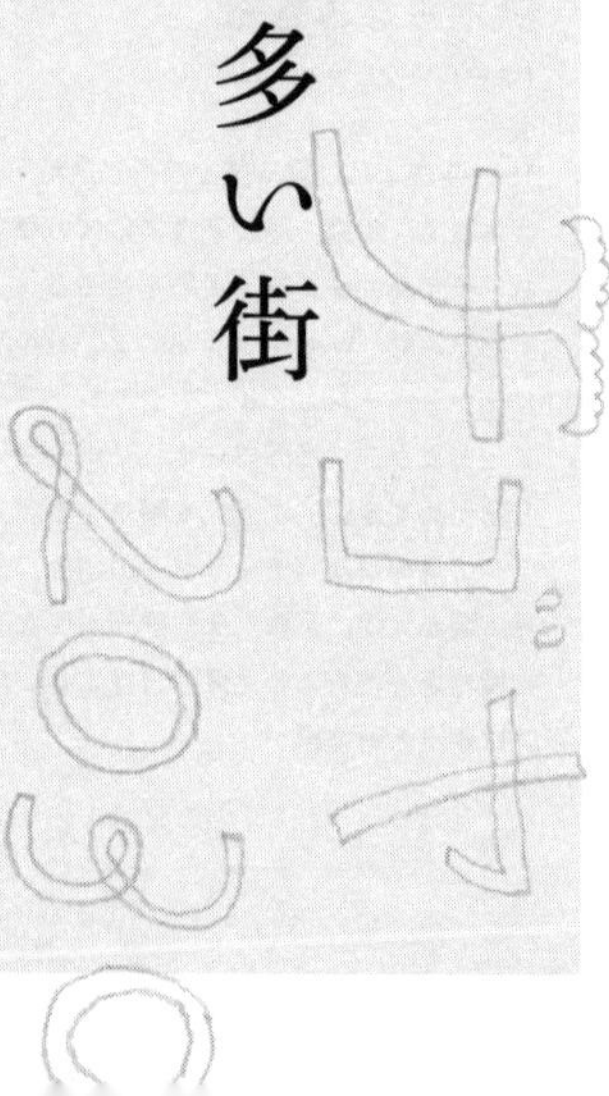

中京テレビ初の正社員女性アナウンサーである恩田千佐子さん。明るくバイタリティあふれるキャラクターでお茶の間の人気を獲得し、30年にわたり第一線で活躍し続けている。結婚・出産後も女性が職場で活躍できる、そんな新しい価値観を体現してきた恩田アナは、どんなふうに道を切り拓き、そしてどんな名古屋の未来像を思い描いているのだろう？

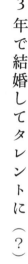

就活・新人時代の夢は3年で結婚してタレントに（？）

恩田さんがメインキャスターを務める『キャッチ!』。平日夕方のニュース情報番組で、恩田さんは2012年4月の放送開始時から番組の顔として出演している。
2児の母として仕事との両立にも奮闘

アナウンサー志望として就職活動していた時は、まだバブル期だったこともあって、「女子アナがダメならスチュワーデスになって3年くらいでパイロットと結婚しよう」とか、中京テレビから内定をもらった時も「3年くらいでフリーアナウンサーかタレントになって……」とのん気に考えていました。しかし、中京テレビとしては初めて正社員の女性アナウンサーとして採用され、なおかつ同僚と26歳で結婚することになったので、名古屋でずっと暮らしていくのだったら、せっかくなら今の立場のままで仕事を続けて行こうという気持ちに自然となっていきました。

母親として育児も仕事と両立。写真は長男の七五三の風景

30歳で第一子を出産した時も、育児休業制度が導入されていて、既に利用した先輩もいたので、迷うことなく休暇を取ることができました。当時は「女性は結婚が決まったら寿退社」「妊娠したら仕事を辞めて家庭に入る」という社会通念がまだまだありましたが、会社の制度が整っていたおかげで、結婚・出産時に仕事を辞めずに済んだのです。

それでもこの頃は仕事最優先が当たり前。「育児の都合で仕事を休む」という発想すら、私自身の中にもありませんでした。当然、依頼された仕事は早朝だろうが深夜だろうが必ずやる！　つまり子どもの世話は義理の父母、実家の父母妹、ベビーシッター、名古屋ののびのびサポート、ママ友、ご近所さん……あらゆる方に協力してもらって、やっと成り立つ状況でした。もし周りの手助けがなかったら、仕事を続けることは到底できなかったと思います。

時には子どもを取材現場に連れて行き、ロケバスで待機させていたこともありました。当時はアグネス・チャンさんが職場にお子さんを連れてきていたことで、賛否両論の『アグネス論争』が巻き起こってからおよそ10年。私は職場に子どもをいさせることがいいとは決して思っていなかったのですが、仕事を遂行するためにはやむを得ず、現場のスタッフや子どもには申し訳なかったと今でも思っています。当時の心境は、家事は最低限の事ができれば良しとしよう、子どものSOSだけは見逃さないようにしよう、子育てを理由に仕事で手を抜いていると思われないようにしよう……体力的にも精神的にもギリギリの状態でした。

恩返しは後輩ママに子育てサポートの数珠つなぎ

そんな綱渡りの子育てをふり返ると、ありがたかったこと、親としてその後に活かせたことはたくさんあります。先輩ママたちからは、失敗談や励ましの言葉に元気づけられ、愚痴や弱音を聞いてもらって気持ちが軽くなり、辛い時期を乗り越えることができました。子どもたちにとっても、家族以外の大人と接する機会を得ていろんな考えがあることを学べましたし、子どもたちだけで必要なことをすることで自立心が芽生えたのでは、と思います。リスクヘッジという意味でも助かりました。13年前に夫が急逝した時、子どもは5歳・8歳とまだ幼くて様々な不安はあったのですが、仕事も、住む場所も、学校も変えずにそれまで通りに暮らせたのは、私が仕事をしていたからであり、そのおかげで遺された家族のダメージを最小限に抑えられたのではないかと思います。もちろん子育てに専念していたら違う良さを感じていたと思いますが、子どもたちが働く母の姿を見て育ったことは、彼らが社会人になった時に活かしてもらえるのではないかと思っています。

育児をしていた頃、周りの方々にいろんな場面で助けてもらい、当時は何か恩返しができないか、と考えていました。しかし、先輩ママは自分より早く子育てから卒業するので、なかなかお返しするチャンスがありません。そこで、**今では「恩返しは後輩ママにすればいいのだ」と思うようにしています。**実際に何かお世話をするというよりも、私ができるのはもっぱら子育ての悩みを聞くこと。自分の体験談を織り交ぜて多少なりとも参考にしてもらえれば……と思っています。先輩ママに自分がしてもらったことを次は後輩ママにする……そういう子育てサポートが数珠つなぎで続くといいな、と願っています。

後輩たちが、女性が結婚・出産後も働ける環境をつくっていってくれた

「女性が結婚・出産しても働ける環境を切り拓いた」私に対してそんな評価をしてく

れる方もいらっしゃいますが、決してそんなことはありません。新人時代はそんな意識はまったくありませんでしたし、仕事を続けてこられたのも会社の制度面の整備、周りのサポートがあったからこそ。時代の変化がちょうどタイミングよく合ったからといえます。

当社で女性が働きやすくなったのは、むしろ後輩たちが頑張ってくれたからです。女性アナウンサーが出産後に現場復帰したのは局内では私が初めてで、今ではそれが当たり前のことになっています。それでも私は仕事優先が当たり前という世代で、無理の上に無理を重ねて何とかやるという発想しかありませんでした。しかし、私の後に続いてくれた女性アナウンサー、女性社員たちは、どうしたら子育てしながらでも働けるのか、その都度いろいろな提案をして働きやすい仕組みを実現していってくれました。例えば時短勤務の方法。アナウンサーの場合、ニュースを読む時間が早朝もあれば深夜もあり、またロケなど不規則な業務も少なくありません。通常勤務時間の朝9時〜夕方5時までの間で時短にしようとしても当てはめにくいのです。そこで、フリーフレックスと時短を組み合わせた働き方を作っていきました。例えば、保育園の送り迎えの時間は会社を抜けて、1日のうちトータルで5時間勤務すればいいというやり方など、1人1人に合った子育てと仕事を両立できる方法を柔軟に選択できるようにしていってくれたのです。

子育てママが働きやすい職場環境は新型コロナショックや災害時にも強い

子育てしながら働ける環境や制度づくり。これは新型コロナウイルス問題の際にも活かせています。保育園や学校が休園・休校になって、親たちは幼い子どもを家においたまま働きに出ることが難しくなった。我が社でもそういう悩みを持つ子育て世代の社員が数多くいたので、会社が社内保育を導入してくれたんです。保育士を手配し、社内の一画を保育室にする。子育て中の社員は子連れで出勤し、子どもを保育室に預けて仕事をし、昼休みには社員食堂で一緒にご飯を食べる。昔だったら「現場に子どもを連れて来るなんてトンデモない！」と顔をしかめていたに違いない年配の社員たちも、子どもたちににこやかに声をかけている。こんなことができるようになるなんて、私が新人だった30年前には考えられませんでした。**何かあった時に、社員とその家族の安全を確保することを最優先し、そのための場として会社も活用する。こうした考え方は災害時にも応用できるでしょう。**

このように女性が働きやすい環境づくりは、職場の理解を得られることが一番大事。子育て中の母親、妊婦、さらには不妊治療中の女性など、働きやすさには個人差が大きい。できる・できないを個々に確認しながら、それを理解し配慮して進めてほしい！

時短や育児休暇の延長など制度が手厚くなるのはありがたいのですが、何より職場の人たちの理解が大切です。社会全体が〝子どもの命・成長・生活を守る〟という意識を高める必要があると思います。

さらにいえば、**女性だから、男性だから、という観点ではなく、〝誰もが1人の人間として健全に仕事をする権利がある〟という意識が浸透していけば、純粋に能力や功績によって評価してもらえる社会になっていくのでは……？**　と思っています。男女とも就ける職種が増えている社会で、この先性別で単純に線引きするのは無理が生じてくることは間違いありません。その流れの中で、自ずと女性が責任ある仕事に就くケースも増えていくのではないでしょうか。

懐に飛び込んでくる相手には面倒見がいい名古屋人

名古屋はほどよく田舎で、人の面倒見もよくて、子育てしやすい街。私も育児中は本当に周りの人たちに助けられました。忙しくて帰りが遅れる時など、ママ友が子どもを預かってくれることも少なくありませんでした。これなら、子どもたちにとっては友達と遊べて楽しいばかりだし、私も子どもたちが寂しい思いをする、なんてことを感じずに済みます。

名古屋はしばしば排他的なんていわれますが、実は懐に飛び込んでいくとすごく面倒

見がいい人が多い。例えば初めて行くお店でも「誰それさんに教えてもらってきました」と言うとずい分対応がよくなる(笑)。これは決して相手を区別するということではなくて、人付き合いに対して慎重なんですよね。知らない相手にはちょっと距離を取って様子を見るところがあるけれど、親しみを持って接してくる相手にはすごく親身になって接してくれる。これは飲食店などに限らず、子育てをしていても感じました。そのコツをつかんでからは、いろんな場所でとても居心地のいい関係づくりができるようになりました。

出産シーン放映で深まった東海3県の視聴者との絆

東海地方の人たちとの関係といえば、ターニングポイントとなったのが出産シーンの放映です。1997年の最初の出産の際、自分が担当していた『P.S.愛してる！』のドキュメンタリー企画として放送したところ、すごく反響が大きかったんです。番組の企画が先にあって出演者を探していたところ、ちょうど私が出産することになったので、プロデューサーに「お前が出るか?」と言われ、ふたつ返事で「はい！」と答えていました。自分の番組に対する責任感がありましたし、テレビカメラが入るならお医者さんもしっかり看てくれるだろうという思いもありましたし(笑)、自分では客観的に見られない場面を録ってもらうことで勉強になるだろうという考えもありました。

　この放映の後、本当にたくさんのお便りをいただきました。これから赤ちゃんを産みたいと思っている人、出産経験のある人、出産や育児と仕事の両立で悩んでいる人、また流産の経験があることも番組中で明かしていたので同じ辛さを経験した人……。幅広い立場の人からの共感が寄せられました。この時、**〝私は東海3県の皆さんと一緒に生きているんだ〟という実感を得ることができたのです。**テレビって一方通行なところもありますが、決してそればかりじゃない。視聴者の皆さんと一緒に励まし合えることができるんだ。そう思えることができたのです。

『P.S.愛してる!』では「はじめての出産」の企画に自ら出演。お茶の間の共感を得た

「子育て」「乳がん」の経験を活かし
名古屋、東海の人のためになりたい

　10年後の名古屋は、子育てする人はもちろん、いろんな立場の人たちが、今よりもっと働きやすい、暮らしやすい街になっていてほしい。街頭インタビューをしていると、

スタジオで原稿を読む恩田さん

名古屋は子育て支援が厚いという声をよく聞きます。しかし一方で、待機児童ゼロとは言っても実は第一希望の施設にはなかなか入れない実情がある。どうしたらもっと子どもたち、働く親のために優しい社会にできるのか？　行政も、そして私たち自身もずっと考え続けて、よりよくなるために取り組んでいかなければと思っています。

世の中全体で子育てと仕事の両立がしやすい環境が少しずつ整ってきていて、生き方の選択肢もひと昔前よりはるかに広がりました。**多くの選択肢があるからこそしっかり考えて自信をもって〝自分の生き方〟を見つけてほしい。**困った時には声をあげてください。同じ思いの人が必ずいます。味方がいる！　みんなで協力できればより良い方法が見つかると信じています。ともに頑張りましょう！

私自身は、10年後はもう定年退職しているはず。私には『子育て』『乳がん』、2つの経験があるので、このふたつのテーマで何か伝えることができればと考えています。子育てについて一般社団法人の子育てアドバイザーの資格を昨年取得しました。自己肯定感を持てる子どもを育てようというのが基本的な考え方。自分がかけがえのない存在なんだと思えることで、人生の節目でふんばりが利くという理念に基づいて、子どもと接していこうというものです。乳がんは、私は50歳の時に発症し、およそ半年間手術や治療のために休養した後に現場復帰を果たしました。予防が難しい病気なのですが、早期の発見・治療によって死亡率を大きく下げることができるので、同じ病気で悩み苦しんでいる人たちに正しい情報を伝えていきたい。

こうした自分自身の経験や、これまで培ってきたアナウンサーとしてのスキルを活かして、名古屋のため、東海地方のために役に立ちたい、そう思っています。

恩田千佐子さん

（中京テレビアナウンサー）

1967年、東京都小平市出身。青山学院大学卒。1990年、中京テレビに初の正社員女性アナウンサーとして入社。バラエティ情報番組『P.S.愛してる!』の番組アシスタントとして人気を博し、2012年スタートの夕方のニュース情報番組『キャッチ!』ではメインキャスターに。現在は二児の母にして、同局のアナウンス部専門エグゼクティブ。2020年7月に乳がんを取り巻く現状を様々な角度からまとめた書籍『一歩先へススメ』（中京テレビ放送 恩田千佐子と「ススメ」プロジェクト・編著／丸善出版）を出版。

〝終活〟なんかやっとたらかんよ。目いっぱい生きて最期はピンコロリンだわ！

宮地佑紀生さん
（ご当地タレント、ラジオＤＪ）

〝名古屋ご当地タレントの元祖〟ともいうべき宮地佑紀生さん。こてこての名古屋弁でくり広げられるテンポのいいトークで、ラジオやテレビ、ＣＭなど幅広い舞台で活躍してきた。そんな宮地さんも70歳を超え、今や堂々たるシニア。誰しもに等しく訪れるシニア時代を元気に生きられる、そんなこれからの名古屋について、マイクに向かって話すのと同じノリで語ってもらった。

90までに人生が終わる保証はない。寿命は自分では選べんで！

名古屋のお年寄りの皆さん！　おんなじ年寄りの宮地ですよ〜！　じいさんばあさんになったワシらがせなかんのは恩返し。鶴だって恩返しするんだで。もう力仕事は役に立たんけど、知識や経験を活かして役に立つことあれせんか？　孫の面倒、草むしり、皿洗い、留守番、はき掃除、何でも笑顔で引き受けたるわ〜。**ちょっとだけ役に立つ年寄り、威張らない年寄り、かわいい年寄り。**若い衆の困っとることを聞いてあげるとか。ちょっと目線を変えりゃあ、社会貢献は無限にあるよ。『おじいちゃん、ありがとね！』なんていわれてみゃ〜。年金の勘定しとるよりどんだけうれしいか！　30歳は若返るって！

あんた、あと何年生きると思っとる？　ボケッとしとるとあと30年40年、生きるかも知らんよ。90（歳）までに人生終われる保証はないよ。寿命なんて自分では選べんで！

〝終活〟なんて言葉が最近あるけど、生き方を考える生きる活の『生活』、仕事に就く活動をする『就活』。いくつになってもこっちをやらにゃいかんて！　自分で何か役に立つこと探して、それをこつこつやって、もしもちょっとでもこづかいでももらえたら幸せだがね。町内で輝くじい様、ばあ様、自分で自分を生きさせにゃいかんて！　**体の健康、これは基本。頭の健康、これは自分のため。心の健康、これは人を思いやる心。**年金のこと、保険のこと、相続のこと、持病のこと、食べること、ツレのこと、家族のこと、おしゃれのこと、趣味のこと、ずっと大切にしとること……。今からだってやらにゃいかんこと、よ～けあるよ！

サラリーマンの定年は60か65だけど、人生の定年は死ぬまでだわ。江戸時代の寿命は40やったけど、ワシらの人生その倍以上だわ。長いことみんなに愛されたら、って思うとワクワクしてくるがね。みんなに愛されるにはどうするか？　人と比較はせんこと。短くとも、長くとも、明るく楽しく目いっぱい生きる。友達も大事にせなかんよ。この先、仲良かった人、会いたい人になんべん会えるか。

これからの人生はいっそうリスナーさんありき

ワシもこの先もラジオを聴いてくれる人のために、週1回でも2回でもええでしゃべつとりたいね。リスナーさんがおっての私らタレントだでね。**リスナーさんに話題を1日ひとつでも伝えられたらええねぇ。まあ、しゃれたことしゃべろうと思っても、これまでの人生で自分の中に入れたもんしか出てこんけどね。**ワシのこれからの人生はリスナーさんありき。ちょっと前にまぁいろいろあって、人前でしゃべれん時期もあったもんだで、聴いてくれる人がおるだけありがたい。この歳になってますますそう思うんだわ。

リスナーさんに向かってしゃべれる機会がなくなったら、売れんくなった名古屋のタレントのアパートでもつくって、みんなで好き勝手しゃべって毎日すごすのもいいかもしらんね。ほんでもって最期はピンピンコロリだて！　冥途でまた会ったら今度はあんたらぁが宮地に話、聞かせてちょ〜。待っとるよ。バイバ〜イ!!

宮地佑紀生さん

（ご当地タレント、ラジオDJ）

1949年生まれ。大須出身の生粋の名古屋っ子。23歳の時に名鉄セブン（当時）にアクセサリーショップ「参百六拾六日の店」をオープン。トークの軽妙さに目をつけた東海ラジオプロデューサーがラジオパーソナリティーに大抜擢し、タレント活動をスタートさせる。「ミッドナイト東海」「どんどん土曜大放送」「聞いてみや〜ち」（いずれも東海ラジオ）「どですか！」（メ〜テレ）などを担当。2018年10月から「〜ともだちラジオ〜本音でゴメン!!」（CBCラジオ）のパーソナリティーを盟友・河原龍夫さんとともに務める。

おわりに

年相応という言葉がある。

年齢に応じた考えや行動や服装や人格がその年齢にふさわしいことを意味するようだ。

私には「考え」において「年相応」がどうやら無い。


60年以上昔、小学校低学年だった私は子猫を飼っていた。

ある時その子が後ろ足を血だらけにして引きずり、前足だけで家の玄関まで這って帰ってきた。

どうやら長野の田舎でトラバサミという野生動物を捕獲するワナにかかり、命がけで脱出してきたようだ。

血だらけで、骨が粉々に砕けた後ろ足に赤チンを塗りながら泣いた。

貧しくて猫を病院に連れて行くことはできない。また泣いた。

子猫のその先10年を考えると何もしてあげられない自分を母に訴えた。

母も姉も私を慰めるのが精一杯だったようだ。

「僕も負けないからお前も負けるな！」その気持ちで一緒に遊ぶしか道は無かった。

前足だけの猫だって生きていけるはずだ。

そうだ！　名前を「夢子」にしよう！　希望を持って生きていけるはずだ！

夢子はそれなりに精一杯、私が高校生になるまで生きました。

毎晩、私の布団に入り眠る夢子は幸せそうでした。


それ以来、いや、そのきっかけでしょうか？

振り返るより、未来を考える子どもになり60数年が経ちました。

71歳の今でも振り返ることは少なく、未来の夢を考えることがほとんどです。

皆さまも、この32名にお聞きした名古屋の未来のどこかに「夢」を感じて頂ければ幸いです。

そして、それを実現して頂いたら私はもっと幸せになれます。

天国で後ろ足の動かない夢子に語りながら遊びます。

ただし、２０５９年となる39年後ですが(笑)。


ナゴヤドリームプラン検討会　昔、ヒデちゃんまたはヒデボウだった　藤井 英明

ナゴヤ２０３０

２０２０年10月10日　初版第１刷　発行

編　ナゴヤドリームプラン検討会

取材・構成　大竹敏之

装画　河野ルル

本文デザイン 装丁　三矢千穂

発行人　江草三四朗

発行所　桜山社
〒４６７-０８０３
名古屋市瑞穂区中山町５-９-３
Tel　０５２-８５３-５６７８
Fax　０５２-８５２-５１０５
Mail　info@sakurayamasha.com
HP　https://www.sakurayamasha.com

印刷・製本　モリモト印刷株式会社

ISBN978-4-908957-14-7 C0036

桜山社は、
今を自分らしく全力で生きている人の思いを大切にします。
その人の心根や個性があふれんばかりにたっぷりとつまり、
読者の心にぽっとひとすじの灯りがともるような本。
わくわくして笑顔が自然にこぼれるような本。
宝物のように手元に置いて、繰り返し読みたくなる本。
本を愛する人とともに、一冊の本にぎゅっと愛情をこめて、
ひとりひとりに、ていねいに届けていきます。